아산재단 연구보고서 第125집

경제적인 3세대 전원주택 개발

박 근 준

집문당

머리말

전원주택은 복잡한 현대 도시 생활에서 누리기 힘든 쾌적한 자연환경과 함께할 수 있는 주거시설이다. 도시의 밀집된 주변 환경, 소음, 공해 등으로부터 벗어나 새소리, 맑은 공기, 푸른 숲, 맑은 물을 듣고 볼 수 있는 전원주택을 누구나 한번쯤 꿈꾸리라 생각한다.

한편, 소득수준이 높아지면서 단순히 살기위한 집으로부터 삶의 질을 위한 집으로 주거수요가 증가하는 추세이다. 이와 더불어 자녀들과 함께 연로하신 부모님을 모시고 생활할 수 있는 주거시설을 갖추고 독립된 공간에서의 분위기 좋은 문화적 거주를 하고자 하는 욕구도 증가하고 있다. 이는 각박한 도시주거에서는 좀처럼 구현하기 어려운 주거조건이다.

이러한 기대와 수요는 증가하고 있는데 막상 수요자 입장에서 이를 실현시키기 위한 행위들, 즉 땅의 매입, 건축설계, 건축허가, 건축공사, 입주 등의 일이 엄두가 안 날 것이다. 이와 같은 어려움을 해결해주고 도움을 줄 수 있는 가이드서가 있다면 많은 전원주택 수요자에게 도움이 될 수 있으리라 생각한다.

이에 본서는 전원주택의 초기 구상, 계획, 땅의 물색 및 선정, 입지적 조건, 전원주택의 건축허가, 관련 법 제한 사항, 이후의 건축설계 조건, 설계방법, 건축형태, 건축허가 후의 공사방법, 품질과 성능을 확보할 수 있는 건축기술, 자금의 마련 및 효율적인 집행 등에 관한 총체적이고 전반적인 범위의 안내를 제공하기 위하여 쓰였다.

이에 따라, 건축주가 본인이 기대하고 만족할 수 있는 전원주택을 마련하는 데 직접적인 도움이 되도록 가급적 전문용어는 풀어서 기술하였다. 또한 건축분야에 종사하는 전문인들에게도 직접적인 참고가 되도록 자칫 간과하거나 소홀하기 쉬운 내용을 체계적으로 설명하였다.

책의 후반부에는 일반인과 전문인 모두에게 본인들이 구상하는 전원주택을 구체적으로 실현하는 데 도움이 되도록 전원주택 구상공간의 타입을 분류하고 이를 기본설계개념도로 표현하였다.

아무쪼록 본서가 증가하는 전원주택수요에 발맞추어 전원주택을 소유하고 싶어 하는 일반인, 전문지식을 필요로 하는 건축인, 건축관련 전공학생 등 모두에게 좋은 참고서 및 교재가 되었으면 하는 바람을 갖는다.

2010년 1월
호서대학교 교수
박 근 준

차 례

제1장 서 론

제2장 전원주택의 기획

제 3 장 전원주택 건축 프로세스

제 4 장 전원주택 건축계획 및 설계

표 차례

그림 차례

제 1 장 서 론

1. 전원 거주생활의 의미
2. 주거개념의 변화를 담은 전원주택 개발과 소유절차

제1장 서 론

1. 전원 거주생활의 의미

일반적인 주거생활은 먹고, 입고, 자고 하는 의식주의 기능과 함께 일상적인 인간생활과 긴밀한 관계가 있다. 주 공간에서 이루어지는 행동은 정적인 것과 동적인 것으로 구분할 수 있다. 정적이라 함은 인간의 생각을 주축으로 이루어지는 행동이라 할 수 있고, 이에 해당되는 것으로 독서, 인터넷, 신문・잡지 읽기, 바둑・장기・체스 등과 같은 것을 들 수 있다. 동적인 행동은 비교적 활발한 움직임이 이루어지는 행동이라 할 수 있는데 이에 해당되는 것으로 공놀이와 같은 체육활동, 식사준비, 설거지, 청소 등과 같은 개인의 일상적 유지관리 활동이 있다.

이러한 일상적 주거생활이 도심이나 산업지역 등의 생업에 근접한 지역의 일반적 주거시설에서 이루어진다. 그러나 이러한 일상적 주거 기능이 일반적 주거시설에서 이루어지면서 인간이 필요로 하는 인간의 내적 요구, 즉 정신적・정서적 만족감을 최대로 제공하지 못하는 경우가 많다.

그 이유는 제한된 주거공간, 복잡한 도시, 산업 주변시설로부터의 유쾌하지 못하고 친환경적이지 못하거나 자연을 훼손하는 요인들이 인간의 자연 친화적인 심리·정신정서의 유지를 방해하기 때문이다. 이러한 이유로 이러한 반자연적이며 반환경적인 요인들로부터 가급적 벗어나서 인간의 삶을 자연 친화적이며 친환경적인 여건으로 회귀하려는 주거 욕구가 근래 강하게 대두되고 있다.

기본적 주거의 기능은 기후, 풍토, 날씨, 동물, 외부인으로부터 가족과 재산을 보호하는 물리적 기능이 있으며 가족단위의 활동을 형성된 주거공간 내에서 이루도록 하는 기능이 있다. 또한, 자녀들의 교육과 가족원들의 가사노동을 지원하는 터전이기도 하다.

2. 주거개념의 변화를 담은 전원주택 개발과 소유절차

서로 모르는 가구가 독립된 주거공간에 살면서 식당과 현관 등은 함께 사용하는 집합주택의 개념이 있다. 단독주택 생활 시 이웃들과 관계도 없이 단절된 생활을 할 수 있는데 이를 해결하는 방법으로 서로 모르는 가구가 독립된 주거공간에 살되 식당 등과 같은 공유 시설을 함께하여 서로 정을 나누도록 하는 주거개념을 도입할 수 있다.

친구를 만들어 노후를 즐겁게 보내고 싶은 노인들과 어린이를 편하게 맡기고 맞벌이 생활을 계속하려는 부부들이 선호하는 개념과도 관계있다. 이러한 주택은 노년, 장년, 청년, 유년 간의 교류가 자연스럽고 원활하게 이루어지고 육아지원도 가능하도록 하는 독특한 주거개념이라 할 수 있다.

이러한 주거개념을 담을 수 있는 새로운 주택형태가 등장하고 주거환경도 기존의 복잡한 도시환경을 떠나 자연과 가까이 하고자 하는 욕구가 증대되고 있다. 이와 같은 개념을 수반하면서 다양한 수요를 충족시키도록 하는 전원주택이 개발되고 있다.

전원주택은 여러 채의 전원주택이 하나의 단지를 이루는 경우(단지형)와 개별적으로 토지구입 후 형질변경 등의 절차를 거쳐 시공하는 경우 등으로 구별된다. 단지형의 경우 각종 건축허가와 도로, 상하수도 등 기반시설을 분양회사에서 직접 하기 때문에 건축주가 번거로운 절차를 거치지 않는 장점이 있다. 개별적으로 부지를 구입하여 건축하는 경우는 각종 절차가 복잡하지만 지가가 저렴한 이점이 있다. 전원주택도 부동산인 만큼 투자가치가 우선시되어야 한다. 자연과 함께 할 수 있다는 장점을 최대한 부각시켜 산과 강 등 자연환경을 조망할 수 있도록 설계해야 한다. 개인 또는 법인 명의로 일괄적으로 농지전용을 해놓은 곳은 단지 전체의 필지별로 주택건축 공사가 끝나야 소유권이전이 가능하다. 그리고 토지소유주, 사업시행자, 분양자가 일치하는지 알아보아야 한다. 토지등기부등본, 사업허가증, 분양계획서상 계약 당사자 등을 파악해 사업주체 책임소재를 분명히 하도록 해야 한다.

등기면적의 확인이 필요하며 분양면적과 전용면적이 다름에 유의해야 한다. 등기이전을 하고 난 후 잔금을 주는 것이 안전한데 단지개발사업의 허점은 건축이 완공되어도 대지로 지목이 바뀌기 전까지 등기이전이 안 된다. 단지개발의 특성은 한 집이라도 건축이 안 되면 지목 변경이 안 되는 경우가 있다. 분양, 등기, 전용면적 등의 확인이 필요하다. 전용면적 비율은 높을수록 유리하다.

허가가 나지 않는 조건을 피하도록 한다. 이는 4m 이상의 도로가 확보되지 않은 경우, 농림지에 둘러싸인 경우, 말소되지 않은 지상권이 있을 경우, 기타 도시계획법이나 국토이용관리법상 건축이 제한되는 경우, 또한 매입이 불가능한 경우, 농지취득자격증명원을 받지 못하는 경우 등이다.

입지가 좋은 지역을 선택했다면 농지전용 가능성을 확인하도록 하며 농지를 구입한 후 그 다음으로 전용허가를 신청하도록 한다. 관할지역의 토목설계사무소에서는 전용을 위한 측량을 하여 해당 관청에 농지전용 허가를 대행하여 주므로 관할지역 토목설계사무소를 이용하는 것이 좋다. 임야의 경우 산림훼손 허가와 농지전용 허가를 모두 얻어야 한다. 농지를 전용하는 경우 2002년 1월 이전에는 농지조성비와 농지전용부담금을 중복으로 부과하였으나 이제는 농지전용부담금은 폐지되고 농지조성비만 납부하면 된다.

보전임지전용 허가를 받거나 산림형질변경 허가를 받는 경우에 납부하는 산림전용 부담금도 폐지되었다. 너무나 적은 주거수, 상수원 보호구역 내의 건축면적 제한, 눈길과 빙판길에 의한 제한, 넓은 정원 관리의 어려움 등은 별도로 유의하여야 할 사항이다.

입지조건으로 승용차로 1시간 이내, 병원, 대형유통센터, 학교 등의 거리가 10분 이내, 시내버스가 운행되는 지역, 2차선 포장도로에서 100m 이내, 축사, 우사, 공장 등과 떨어져 있을 것, 관광지, 골프장, 스키장 등이 가까이 있을 것, 시간이 흘러도 자연경관이 훼손되지 않는 지역 등일 것을 고려하는 것이 좋다. 또한 지목이 대지로 변경 완료된 저렴한 부지인 것이 좋다. 몇몇 전원단지에 남아 있는 토지의 경우 비록 분할은 되었지만 지목이 전·임야 상태로 남아 있는 것이 많기 때문이다. 같은 단지 내에 이미 주택이 몇 채 지어져 있으니 나머지 필지에도 주택을 지을 수 있으리라 확신하여 지목이 전·

임야인 필지를 구입하면 낭패를 볼 수 있기 때문이다.

몇 년 전부터 정부에서는 전원단지 1개소에 총 건축면적이 7,920m^{2}를 넘지 못하도록 허가사항에 제한을 두었다. 먼저 분양받은 사람들의 건축면적 합계가 7,920m^{2}를 넘기면 남은 필지는 비록 분할이 되어 있어도 건축허가가 나오지 않는다. 따라서 전원부지는 지목이 대지로 변경 완료된 저렴한 부지를 구하는 것이 좋다.

한편, 양적 공급에 치우친 정부정책도 제4차 국토종합계획에 의하면 매년 공급되는 신규 주택 중 90% 이상이 되는 공동주택 비중을 2020년쯤에는 50%까지 낮추는 방안을 제시하고 있다. 연평균 40만 세대의 주택을 공급할 계획인데 이 중 20만 세대 정도가 단독주택 시장이면 약 10년 동안 200만 세대의 단독주택 시장이 형성된다는 것을 알 수 있다. 수도권 지역 택지개발지구에서 단독주택의 비중을 10% 이하로 하고 있으나 20%까지 규제를 상향하고 있다. 죽전, 동탄 등의 신도시에 약 6천 세대의 전원주택 공급이 계획된다. 이에 따라, 전원주택의 수요도 이와 비례하여 증가되리라는 것을 쉽게 예상할 수 있다.

제 2 장 전원주택의 기획

제 2 장 전원주택의 기획

1. 기획의 개념

건축물의 내부구성 및 배치등과 같은 공간기획 등은 건축기획의 중요한 부분을 차지한다. 또한 건축투입비용과 이에 상응한 건축물의 사용효과 등을 계산하는 것도 건축기획의 중요한 부분을 차지한다. 건축기획의 과정은 조사, 분석 및 검토, 기본계획 및 개념, 기본설계, 시공업체 선정, 유지 및 관리의 범위를 갖는다. 어디에 어떻게 지을 것인가에 해당하는 토지의 유효이용을 생각하는 것 등이 초기단계의 기획내용이다.

전원주택은 용도가 이미 정해진 것이기 때문에 조사해야 할 항목은 이미 상당히 좁혀져 있다. 입지조건을 개략적으로 조사하고 용도에 합당한 대지분석을 실시하여야 한다. 이러한 과정은 일방향적인 진행으로 이루어지는 것이 아니라 어느 과정의 어느 단계에서 피드백(feed-back)되어 이전단계로 되돌아가게 된다.

건축기획은 가급적 시작단계에서 끝나는 단계까지의 전 단계가 일사분란하게 진행되어 프로젝트가 시작되거나 프로젝트가 거의 완료되는 단계에서 계획된 내용을 변경하도록 하는 상황이 발생되지 않도록 하는 것이 이상적이다. 전 단계로 되돌아가서 기획을 변경하면 비용손실 등의 부담이 커지게 된다.

건축기획은 대체적으로 기획자가 경험을 통하여 체득한 내용을 서면으로 표현하기 때문에 기획자 개인의 자질에 의존되는 경우가 많다. 이러한 위험을 가급적 회피하기 위해서는 건축기획 매뉴얼 등을 구입하여 참고하는 것이 좋다. 건축기획이 복잡화, 다양화되는 경우에 있어서 건축기획의 모든 내용을 통일시키려는 것은 어려우며 굳이 그렇게 할 필요도 없다. 외부에서 획득되는 정보와 다양한 정보원으로부터의 자료를 잘 정리하여 핵심내용이 도출되도록 할 필요성이 있다. 최종 건축기획안을 선정하는 과정에서 몇 개의 기획안을 잘 검토하지 않으면 안 되는데 그 이유는 건축이 단순히 그 자체만으로 완결되는 활동이 아니고 연계된 각 분야와 종합적으로 검토되어야 할 사항이기 때문이다.

2. 기획의 과정

건축기획의 과정은 각종조사, 분석, 검토, 기본계획, 개념구축, 기본설계의 과정으로 진행된다. 건축기획의 과정은 프로젝트의 발굴로부터 시작한다. 프로젝트 초기단계에는 프로젝트의 목적과 의도가 비교적 명확하지 않은 경우가 많다. 이에 따라 초기단계에는 사전조사에 의한 입지현황조사부터 명확히 해둘 필요가 있다.

입지조사에 의한 현황의 문제점은 입지조건분석, 부지조사, 지반지

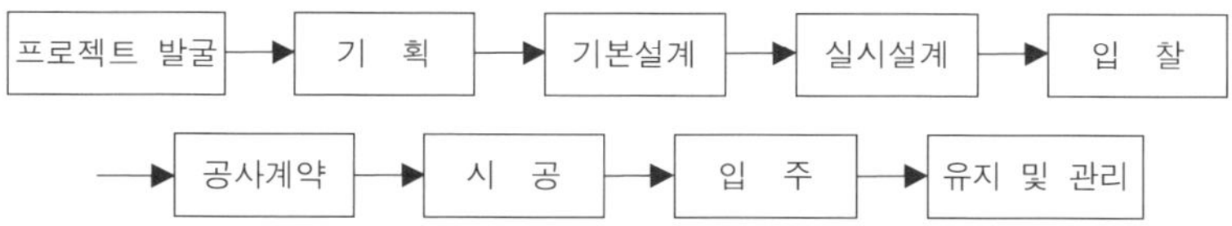

〈그림 2-1〉 건축물의 기획과정

질조사, 주변조건분석, 주변환경영향조사, 법규조건 검토, 사회적 조건, 도시계획의 검토, 환경조사, 사회동향예측 등이다. 이를 바탕으로 공간계획에 착수하여야 하는바 공간구성계획, 규모계획, 등급설정, 기능성능계획, 의장계획, 배치계획, 블록플랜, 개략 평면계획, 주재료의 선정 등을 조사하여야 한다. 기술, 기획적 측면에서는 구조계획, 구법계획, 설비계획, 공법계획, 시공계획, 공정계획 등을 연구하여야 한다. 경영, 운영적 측면에서는 투자계획, 경영계산, 소유임대방식, 관리운영계획, 코스트 플래닝, 운영경비, 자금조달 등에 관한 계획을 설정하여야 한다.

건축기획은 건축초기개념 설정단계에서부터 건축물의 공사, 완료, 사용, 유지 및 관리까지의 전 단계에 걸쳐 건축물을 기획하는 과정을 나타내는 것이다. 이러한 프로세스를 그림으로 나타내면 〈그림 2-1〉과 같다. 기획은 시작단계라 하여도 설계, 시공, 관리운영을 고려하지 않고 기획을 세우는 것이 아니라 전 과정에 대한 면밀한 방침이 포함된 것이다.

	기획단계		설계단계		실시단계		유지, 관리 단계
	기본조사	기본구상	기본계획	기본설계	실시설계	시공	입주, 생활
기획	적지선정 사회동향 지역개발 동향	규모설정 자금계획 개념설정	운영계획 자금조달계획		조닝 평면배치구성 평면배치 이미지	오프닝계획 사용계획	생활조사 리뉴얼계획
설계		현지조사 기획설계 법규검토	기능계획 동선계획 예산계획 기본설계 교통계획 피난계획	기본설계도 작성 개발신청도 작성 개산견적	상세설계도 작성 구조설계 상세견적 설비설계 명세견적	공사감리계획 공사감리 내장의장설계	유지관리계획
시공		공기검토 공법검토	공기검토	주변환경조사 공사공정표 작성 시공계획도 작성	기본시공계획 시공계획 개요서 작성 비용절감제안	하도공사 시공관리계획 시공도 작성 공통공사 내부마감공사	정기점검
유지관리		허가과정 문제점 검토	개발신청 사전조정 건축확인 사전조정	개발신청	건축확인신청	관청허가	유지관리

<그림 2-2> 건축기획의 제 단계

	조사분석
① 기 본 조 사	·입지조사(현지조사) ·입지주변환경조사 ·권리관계조사 **실태조사** ·통행량조사 (사람, 자동차) ·교통조사 ·각종지역정보 **상위계획조사** ·도시계획상의 규제 ·행정주도형의 각종 계획 (재개발 등)

⇨

	기 획	기 본 계 획
② 프 레 젠 테 이 션	**경영계획** ·자금계획 ·개념결정 **계획검토** ·개념결정	**이미지 설정** ·색채계획 ·디자인 이미지 결정 **점검과 확인** ·건축법, 소방법 확인 검토 ·시설예산확인 **기본계획도 작성** ·평면계획 ·입면, 단면계획 ·소재계획, 재료계획 ·상세계획, 집기기구계획 ·평면계획

⇨

	기 본 설 계	실 시 설 계	
③ 기 본 설 계 · 실 시 설 계	**기본설계도의 작성** ·평면도 ·입면도 ·단면도 ·전개도 ·상세도 ·집기, 가구도 ·구조도 ·설비도 ·개산견적서 ·마감표(시방서, 메이커리스트 계획)	**실시설계도의 작성** ·마감표, 시방서 ·배치도(또는 위치도) ·평면도 ·단면도 ·입면도 ·상세도 ·천정도 ·집기, 기구도 ·구조도(구조계산서) ·각 설비설계도 ·각종 디자인 설계도 ·그 외 필요로 하는 각 설계도 ·설계견적서	**대외관련업무** ·건축확인신청의 제출 ·각 설계도면의 최종 점검

<그림 2-3> 건축기획에 의한 업무추진 제 단계 세부사항

3. 전원주택지의 선정

택지개발지구 내의 전원주택단지는 단독택지로서의 주거전용대지 확보가 가능하다. 일반적으로 전용주택용 단독주택지는 건폐율 40% 이하, 용적률 40% 이하의 주택을 지을 수 있다. 건폐율과 용적률 등을 계산한 후 옆집과의 거리, 대지경계선으로부터의 거리, 주차장 면적 등을 고려해야 한다.

새로운 주거형태의 하나로 타운하우스라는 개념이 최근 도입되고 있는데 이는 블록형 단독주택의 개념으로 생각하면 된다. 아파트 내에서 있을 수 있는 사생활 침해 등이 방지되는 장점이 있으며 정원을 소유할 수 있고 담은 공유하게 되지만 관리비 등은 공동납부하는 공동주택의 유지관리방식을 따르게 된다. 즉, 타운하우스는 전원주택의 생활방식을 도입하지만 단독주택과 공동주택의 장점을 최대한 도입하는 새로운 주거개념으로 생각하면 된다.

전원주택을 짓고자 결정할 때 혼자 살기에 부담을 느끼는 경우 동호인 주택단지나 친목단체 주택단지 등을 고려해 볼 수 있다. 전원주택의 특성은 각자 개성에 맞는 자신만의 집을 지을 수 있는 기회로 삼을 수 있다.

타운하우스는 경비와 난방 등을 공동으로 운영하여 관리비를 아낄 수 있는 유지관리방식이므로 공동주택 운영방식과 비슷하다. 그러나 정원, 복지시설 등은 함께 운영하게 되므로 단독주택과 구별된다. 단독주택 단지에 비해 규모가 커서 복지관, 체력단련장 같은 편의시설을 갖추기에 용이하다.

전원주택은 난방방식도 신경써야 하는데 가급적 도시가스설비가 갖추어져 도시가스시설을 이용할 수 있는 단지이면 좋다. 도시가스공급이 안 되어 LPG를 쓰게 되면 공급의 불편과 가격성이 뒤떨어지는 것을 감수해야 한다. 수도시설도 정확하게 고려해야 하는데 수도관이 연결되어 있지 않으면 지하수를 끌어써야 한다. 이때, 모터 등의 고장 등으로 불편을 자주 겪을 수 있다.

택지를 선정함에 있어서 개별 정원을 소유하고자 하는 수요자라면 토지 및 주택허가절차를 숙지해야 한다. 군사보호지역의 경우 군부대 동의가 필요하며 농지, 임야 등은 허가절차가 따로 있다. 타운하우스는 가구마다 전용 정원을 가지면서 놀이터, 주차장 등을 공유하는 저층 저밀도 단독주택 집합단지의 개념이다. 즉, 아파트와 단독주택의 장점을 합성하여 만든 주거지이다.

최근 아파트 시장이 침체되면서 주택에 대한 소비자 인식이 재산증식의 수단에서 쾌적하고 편안한 휴식처로 주거의 개념이 바뀌고 있다. 이에 대한 대안으로서 타운하우스가 부상하고 있는 것이다. 전원주택지는 특히 입지조건을 잘 따져보아야 하는데 직접 위치확인과 함께 객관적인 편리성과 쾌적함을 확보할 수 있는 입지조건인지 확인하여야 한다.

전원주택은 도심과 전원의 경계에 자리 잡아 쾌적한 자연환경을 누리는 동시에 의료, 문화, 쇼핑 등 도시기반시설을 충분히 활용할 수 있도록 입지조건을 찾을 수도 있다. 전원주택은 땅값이 비싼 도심가까이 주택을 짓는 경우, 사업성을 높이기 위해 주택밀도를 높이는 개념으로 타운하우스로 등장되기도 한다. 따라서 무작정 전원생활만 생각해서 도심에서 멀리 떨어진 전원주택을 선택하는 것은 적합하지 않다. 타운하우스 주택용지는 보통 많은 물량의 블록형 단독주택이 들어서기 때문에 거래 면에 있어서 유리하다.

한편, 금융대출규제가 아파트만 적용되기 때문에 타운하우스는 대출규제에서 제외된다. 물론, 타운하우스는 5층 이상이면 아파트로 분류된다. 택지개발지구 내 블록형 택지에 지어지는 타운하우스는 최고 3층까지만 지을 수 있다.

타운하우스는 보통 택지개발지구 내 블록형 택지에 공급되는데 지구단위계획상 1채당 지분이 통상 330m^{2}가 넘어 대지지분에 의한 투자가치가 좋은 편이다. 보통 연립주택용지는 1채당 180m^2 이하이기 때문에 타운하우스보다 투자가치가 불리하다. 타운하우스는 입지도 상대적으로 유리한 편인데 보통 산을 접하기 때문에 택지 공급상 자연친화적인 조건이 된다.

(1) 대상부지 입지 현황 분석

① 교통, 접근성 및 주변환경

도로현황, 전면도로, 이면도로, 연계도로, 향후 계획도로 등을 현장조사, 지적도, 도로망도, 지하철 노선도 등을 참고하여 조사한다. 부수적으로 주변 입지현황, 신축상황 및 나대지 현황, 경제시설, 보완시설 등을 조사하도록 한다.

② 예상부지 규모의 선정

입지분석을 토대로 토지확보 가능성, 매수소요시간 등을 조사하도록 한다. 조사방법은 현장조사 등의 방법을 취하도록 한다. 부지가격 조사방법은 공시지가, 실거래가, 적정가, 매도가, 인근 및 주변지역 시세 등에 의해 파악하는 것 등이 있다. 또한 가등기, 가처분사항 등이 기록되어 있는 소유권 관련사항과 근저당, 지상권, 지역권, 전세권 등의 소유권 제한사항 등의 권리관계를 등기부등본(갑구와 을구)을 통하여 확인하도록 한다.

이후 도시, 인근지역, 부지 등의 대상지역에 대한 입지분석을 실시한다. 국토건설종합계획 등의 상위계획과 도시기본계획, 재정비계획, 기타 관련법률을 검토하여야 한다. 상권과 관련된 해당 지역의 인문환경, 사회환경, 교육환경, 임대환경 및 보증금과 권리금, 사회적·경제적 여건의 변화 등을 조사·분석하여야 한다.

(2) 경제성 분석

경제성 이익과 투자비 등의 적정성 등에 대한 검토가 이루어져야 한다. 사회환경, 투자비, 금리, 관리비, 운영비, 세금, 감가상각비 등을 분석하도록 한다. 경제성 분석 요인으로는 공사비, 운영비, 세금 등에 대한 분석이 필요하다.

(3) 권리분석

① 부동산 등기부

등기가 물건변동의 효력 발생요건이 되므로 부동산 물권의 설정, 보존, 이전, 변경 처분의 제한 또는 소멸을 등기하여야 그 효력이 발생한다. 물권변동은 등기를 신청한 때가 아니고 실제로 등기부에 등재된 때에 일어난다.

② 토지대장

토지대장은 과제목적 서류로서 토지소재, 지번, 지목, 면적 등이 표시되어 있다.

③ 건축물 관리대장

건축과세 목적으로 분류된 서류로서 소재지, 건물구조 및 용도, 면적, 층별 내용, 준공연월일, 소유자 성명 등이 표현되어 있다.

④ 토지이용계획 확인서(국토이용관리법 시행규칙 제2조의 14)

주로 계획구획 내의 토지를 구입 시 해당 토지 건축규제, 인근의 도시계획 상황을 확인하기 위한 서류이다. 도시계획법상의 용도지역, 지구, 구역과 도시계획시설, 도시계획사업, 개발제한구역, 지적도 및 축적 등이 표시되어 있다.

⑤ 국토이용계획 확인원

도시계획구역 외의 지역에서 시, 군, 구에 비치되어 있는 국토이용계획 확인원을 열람하여 용도지역, 용도지구, 개발계획 등의 수립여부 등을 확인할 수 있다.

⑥ 지번

토지대장에 등록된 토지에 관한 지번, 지목, 경계 등을 나타내는 서류로서 1/500, 1/600, 1/1,000, 1/1,200, 1/2,400 등의 5가지 축척이 사용된다.

4. 관련법규의 검토

4.1. 관련법규의 분석

법규분석이라는 것은 토지의 용도, 가치 등의 토지분석, 구조분석, 권리분석 및 부동산 개발과 관련된 인허가 관련 등의 법률 분석을 포함한다.

토지에 대한 기초조사 자료는 지번, 면적, 용도지역, 지구, 관련법령 등에 관한 것이며, 토지에 대한 권리관계 조사는 압류, 가등기, 근저당, 지상권, 지역권 등의 여러 가지 조사 및 분석을 포함한다. 개발사업과 관련된 인허가 관계는 토지 개발과 관련된 인허가, 건축 행위와 관련된 인허가, 사업승인과 관련된 인허가로 구분할 수 있으며 관련법규를 철저히 조사 및 분석해야 한다. 법규분석에서는 법규적인 제한사항과 정부정책 및 사업승인권자의 개발용량을 분석하는 자료로 이용된다. 이 단계에서 부지에 대한 소유 및 권리관계도 분석된다.

4.2. 토지의 분류와 토지관련 검토항목

토지는 일반적으로 종류, 지목, 용도에 따라 분류할 수 있다. 종별이라는 것은 감정평가 등에 의해 분류되는 것으로 토지를 택지・임지・농지로 구분할 수 있다. 지목에 따른 분류는 지적법에 의한 분류로

<표 2-1> 토지의 종류, 지목, 용도 분류

구 분	세부구분	내 용	예	규 정
종 별	택 지	건축물을 건축할 수 있는 토지	주거형 택지, 상업용 택지, 공업용택지 등	감정평가
	임 지	산림지와 초지를 합한 포괄적인 개념	용재림지, 신탄림지	
	농 지	실제적인 토지 형상이 농경지 또는 다년생식물 재배지로 이용되는 토지	전지, 답지, 과수원지	
용 도	지 역			국토의 계획 및 이용에 관한 법률
	지 구			
	구 역			
지 목	전, 답, 과수원, 목장용지, 임야, 대, 도록, 하천 등(총 28가지)			지적법

28가지로 구분하고 있다. 용도에 따른 분류는 국토의 계획 및 이용에 관한 법률에서 정의하고 있다.

도시관련 검토항목은 법규분석에서 건축 부지와 관련해 법적인 검토를 해야 하는데 우선 그 토지가 거래 가능한지, 어떠한 용도로 개발이 가능한지, 형질변경이 가능한지에 대해 검토해보아야 한다. 부지의 적합성이 검토되면 개발규모, 즉 건폐율, 용적률, 층수제한, 높이제한의 검토가 이루어진다.

부지의 적합 여부를 검토하기 위해서는 우선 그 토지의 성격을 알아야 하는데 토지의 성격을 부여하는 분류를 살펴보면 여러 법률에 의해 용도지역 등이 지정되어 있기 때문에 관련 법률을 참조하여야 한다. 관련법의 분류는 〈표 2-2〉와 같다.

검토항목으로는 건폐율, 용적률, 건축물의 용도, 군사시설, 농지, 산림, 자연공원, 문화재, 대지와 도로와의 관계, 토지거래, 개발행위, 대지분할, 건축선 제한, 건축물의 높이, 지목변경, 전용허가, 공원보호, 행위제한, 도로점용, 접도구역, 주차장, 용도변경금지, 주변지역보호, 공개공지, 대지안의 조경, 교통영향, 환경영향 등이 있다. 이를 그룹화하면 다음과 같이 세 그룹으로 분류될 수 있다.

- 그룹1: 허가관련
  건축부지의 용도, 토지거래허가, 건축물 용도
- 그룹2: 건축용도 관련
  건축부지의 용도
- 그룹3: 건축규모 관련
  건축부지의 용도, 건폐율, 용적률, 공개공지, 대지안의 조경, 건축물 높이

〈표 2-2〉 토지관련법

관계법	내 용
수도권정비계획법	1. 과밀억제권역 2. 성장관리권역 3. 자연보존권역
특정지역종합개발에관한특별조치법	1. 개발촉진지구 2. 개발예정지구 3. 개발제한지구
도시개발법	도시개발구역
제주도개발특별법	1. 농어촌지역 2. 절대보존지역 3. 상대보존지역: 특별관리지역
도시재개발법	재개발지역
도시저소득주민을위한주거환경개선을위한임시조치법	주거환경개선지구
택지개발촉진법	택지개발예정지구
농지법	1. 농업진흥지역: 농업진흥구역, 농업보호구역 2. 농업진흥 외 지역
산림법	1. 보전임지 2. 준보전임지
주차장법	주차장정비지구
수도법	상수언보호구역
공장배치및공장설립에관한법률	1. 과밀억제지역 2. 성장관리지역 3. 자연보전지역 4. 유치지역
산업입지및개발에관한법률	1. 국가산업단지 2. 지방산업단지 3. 농공단지
학교보건법	학교정화위생구역: 절대정화구역, 상대정화구역
온천법	1. 온천지구 2. 온천공보호구역 3. 보양온천
자연공원법	1. 자연보존지구 2. 자연환경지구 3. 취락지구 4. 집단시설지구 5. 공원보호구역
항만법	
어항법	
전원개발에관한특례법	

주요한 검토영역을 단계별로 다음과 같이 나눌 수 있다.

① 주변지역 보호를 위한 관련법규

수도권정비계획법, 문화제보호법, 군사시설보호법, 자연공원법

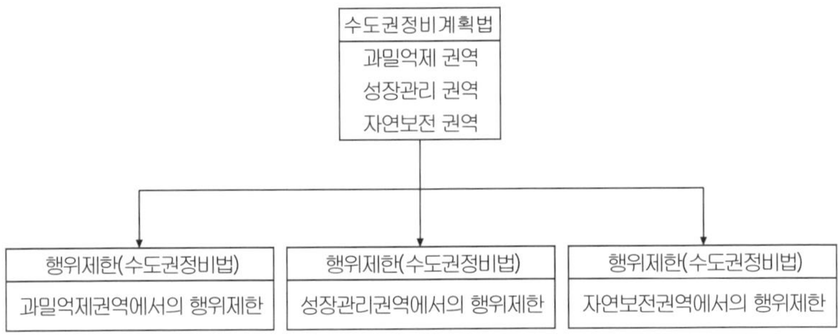

<그림 2-4> 주변지역 보호 관련법

수도권정비계획은 크게 3개의 권역(고밀억제권역, 성장관리권역, 자연보전권역)으로 나누며 이에 따른 각각의 권역에서 행위가 제한된다(〈그림 2-4〉).

② 교통영향평가, 환경영향평가 관련법규

③ 토지거래허가구역 관련법규

문화재보호법, 군사시설보호법, 도시 및 주거환경 정비법 등이 있다.

④ 부지용도 관련법규

국토의 계획 및 이용에 관한 법률, 건축법, 각각의 용도지역, 지구, 구역에서의 건축행위 등을 검토해야 한다. 하나의 지역에 두 개의 용도지역, 지구, 구역이 걸치는 경우도 있다.

⑤ 건축용도 관련법규

건축법, 산지관리법, 농림법, 부지용도와 관련되어 검토된 내용 등

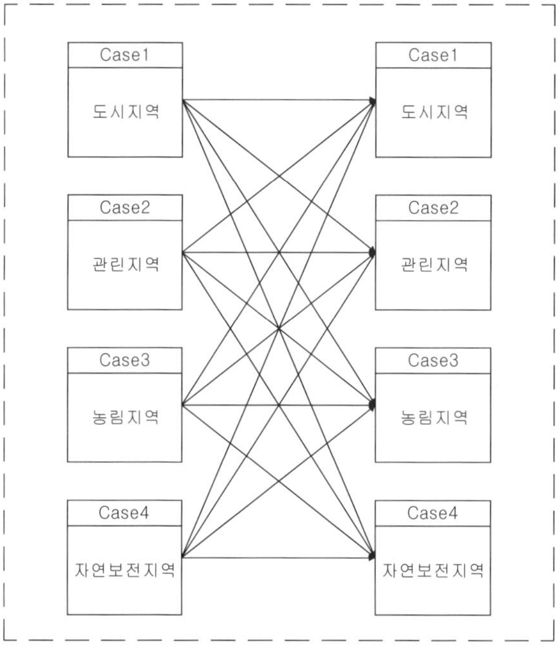

<그림 2-5> 용도지역 매트릭스

을 바탕으로 건축 가능한 용도 검토를 실시한다. 하나의 지역에 두 개의 용도지역, 지구, 구역이 해당되는 경우가 있다. 이의 경우의 수를 그림으로 나타내면 〈그림 2-5〉와 같다.

⑥ 건축규모 관련법규

건폐율, 용적률, 층수제한, 대지안 조경 등이 있다.

⑦ 주변지역 현황 관련법규

대지분할, 대지와 도로관계, 도로점용 등에 관한 내용을 건축법, 도로법 등으로부터 검토한다.

4.3. 용도지역, 지구, 구역, 지구단위계획구역

전원주택지 개발에서의 부지의 법적 타당성 검토에 가장 기본이 되는 법률은 국토의 계획 및 이용에 관한 법률이다. 여기에서 토지의 성격을 규정하는 용도지역, 지구, 구역, 지구단위계획구역은 동일한 개념이 아니라 하나의 토지에 겹칠 수 있는 복잡한 개념이다. 이러한 구분의 의미는 계획적인 이용, 개발, 보존이라는 법 취지에서 찾아볼 수 있지만 토지가 가지고 있는 잠재력을 대변할 수도 있다는 의미를 가지고 있는 것이다. 토지에 대한 법적인 규제는 토지의 가치를 달리 하게 한다. 이는 토지가격에 영향을 미치게 되며 같은 위치의 토지라도 어떤 용도에 의해 제한을 받느냐에 따라 개발의 방향과 방법이 달라진다.

도시개발계획상의 용도지역, 지구, 구역, 지구단위계획구역의 세부 내용을 정리하여 그 연관성을 살펴보면 〈그림 2-6〉과 같다.

용도지역, 지구, 구역, 지구단위계획구역은 토지의 이용, 건축물의

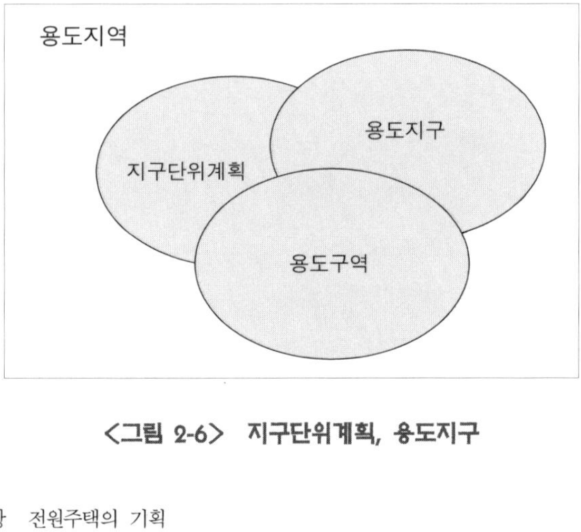

〈그림 2-6〉 지구단위계획, 용도지구

<표 2-3> 국토의 계획 및 이용에 관한 법률

<table>
<tr><td rowspan="4">국토의 계획 및 이용에 관한 법률</td><td colspan="2">2 이상의 용도지역 · 지구 · 구역에 걸치는 토지</td><td>330m^2 이하인 경우 가장 넓은 면적에 속하는 지역 · 지구 · 구역</td></tr>
<tr><td colspan="2">용도지역 · 지구이며 용도구역이 중첩된 경우의 건축제한</td><td>용도구역 우선</td></tr>
<tr><td rowspan="2">특 례</td><td>미관/고도/방화</td><td>미관 · 고도 · 방화지구 적용</td></tr>
<tr><td>녹 지</td><td>각각의 용도지역 · 지구 · 구역 적용
단, 미관 · 고도 · 방화지구의 경우 그 전부에 대하여 미관 · 고도 · 방화지구 적용</td></tr>
</table>

용도, 건축물의 건폐율, 건축물의 용적률, 건축물의 높이에 관해 제한하고 있다. 2 이상의 용도지역, 지구, 구역에 걸치는 토지는 330m^2 이하의 토지인 경우 가장 넓은 면적을 차지하는 지역, 지구, 구역의 규정을 따르고, 용도지역, 지구이며 용도구역이 중첩된 경우 용도구역을 우선 적용한다고 규정되어 있다.[1]

4.3.1. 용도지역

(1) 의의

'용도지역'이라 함은 토지의 이용 및 건축물의 용도, 건폐율, 용적률, 높이 등을 제한함으로써 토지를 경제적, 효율적으로 이용하고 공공복리의 증진을 도모하기 위하여 서로 중복되지 아니하게 도시관리계획으로 결정하는 지역을 말한다. —법 제2조 제15호

(2) 내용

1. 도시지역—주거지역, 상업지역, 공업지역, 녹지지역

1) 국토의 계획 및 이용에 관한 법률 제84조.

2. 관리지역—보전관리지역, 생산관리지역, 계획관리지역
3. 농림지역
4. 자연환경보전지역 —법 제6조

4.3.2. 관리지역

(1) 의의

'관리지역'이란 도시지역의 인구와 산업을 수용하기 위하여 도시지역에 준하여 체계적으로 관리하거나 농림업의 진흥, 자연환경 또는 산림의 보전을 위하여 농림지역 또는 자연환경보전지역에 준하여 관리가 필요한 지역이다. —법 제6조

(2) 내용
1. 보전관리지역
2. 생산관리지역
3. 계획관리지역 —법 제36조

4.3.3. 보전관리지역

(1) 의의

자연환경보호, 산림보호, 수질오염 방지, 녹지공간 확보 및 생태계 보전 등을 위하여 보전이 필요하거나, 주변의 용도지역과의 관계 등을 고려할 때 자연환경보전지역으로 지정하기가 곤란한 지역을 말한다. —법 제36조 제1항 제2호

(2) 행위제한

1. 용도지역별 건축제한(법 제76조)
2. 행위제한의 특례(법 제76조 제6항)
3. 용도지역별 건폐율(건축법 제47조)
4. 용도지역별 용적률(건축법 제48조)
5. 건폐율 및 용적률의 특례(법 제77조 제4항 제3호)

4.3.4. 관리지역 행위제한

(1) 관리지역의 특례

보전관리지역 또는 생산관리지역에 대하여 농림부장관, 환경부장관, 또는 산림청장이 농지보전, 자연환경보전 또는 산리보전에 필요하다고 인정하는 경우 농지법, 자연환경보전법 또는 산림법에 의하여 건축물 그 밖의 시설의 용도, 종류 및 규모 등의 제한을 할 수 있다. 이 경우 이 법에 의한 제한의 취지와 형평을 이루도록 하여야 한다.

—법 제76조 제6항

(2) 용도지역 미지정 또는 미세분지역에서의 행위제한

도시지역 또는 관리지역이 세부용도지역으로 지정되지 아니한 경우에는 용도지역별 건축제한이나 건폐율 및 용적률 등을 적용함에 있어서 당해 용도지역이 도시지역인 경우에는 녹지지역에 관한 규정을 적용하고, 관리지역인 경우에는 보전관리지역에 관한 규정을 적용한다.

—법 제79조 제2항

4.3.5. 용적률, 건폐율 최대한도

(1) 법률에 의한 규정

용도지역 안에서 건폐율 및 용적률의 최대한도는 관할구역의 면적 및 인구규모, 용도지역의 특성 등을 감안하여 담의 범위 안에서 대통령령이 정하는 기준에 따라 특별시, 광역시, 시 또는 군의 조례로 정한다. —법 제77조, 제78조

<표 2-4> 관리지역의 건폐율 및 용적률

용도지역		건폐율	용적률
관리지역	보전관리지역	20% 이하	80% 이하
	생산관리지역	20% 이하	80% 이하
	계획관리지역	40% 이하	100% 이하

(2) 대통령령에 의한 기준

세분된 용도지역 안에서의 건폐율 및 용적률에 관한 기준은 다음과 같다. —법 제84조, 제85조

<표 2-5> 관리지역의 세분된 건폐율 및 용적률

용도지역		건폐율	용적률
관리지역	보전관리지역	20% 이하	50−80% 이하
	생산관리지역	20% 이하	50−80% 이하
	계획관리지역	40% 이하	50−100% 이하

(3) 도시계획조례

도시계획조례로 지역별 건폐율 및 용적률을 정함에 있어서 필요한 경우에는 당해 지방자치단체의 관할구역을 세분하여 달리 정할 수 있

다. —영 제84조 제2항, 제85조 제2항

4.3.6. 농지법 특례

보전관리지역, 생산관리지역, 농림지역 또는 자연환경보전지역에서 농업, 임업, 어업용 또는 주민생활의 편익증진을 위한 건축물을 건축하고자 하는 경우에는 농지법 제34조의 규정에 의하여 건축할 수 있는 건축물의 경우에 그 건폐율 60% 이하의 범위 안에서 특별시, 광역시, 시 또는 군의 도시계획조례가 정하는 비율을 초과하여서는 아니 된다. —법 제77조 4항 제3호, 영 제84조 제6항

4.3.7. 토지거래허가구역

(1) 의의

국토의 계획 및 이용에 관한 법률에 규정하고 있는 토지거래계약의 허가제는 토지의 투기적인 거래의 방지와 지가의 급격한 상승으로 인하여 생기게 될 토지이용질서의 문란을 방지하기 위한 제도이다.

(2) 내용

1. 토지거래허가구역의 지정
   - 허가구역의 지정대상
2. 허가대상
   - 토지거래계약허가대상
   - 허가대상면적

3. 토지거래허가의 절차 —법 제117조, 제118조, 제119조

(3) 허가구역 지정대상

- 광역도시계획, 도시기본계획, 도시관리계획 등 토지이용계획이 새로이 수립되거나 변경되는 지역
- 법령의 제정, 개정 또는 폐지나 그에 의한 고시, 공고로 인하여 토지이용에 대한 행위제한이 완화되거나 해제되는 지역
- 법령에 의한 개발사업이 진행 중이거나 예정되어 있는 지역과 그 인근지역
- 그 밖에 건설교통부장관이 투기우려가 있다고 인정하는 지역 또는 관계행정기관의 장이 특별히 투기가 성행할 우려가 있다고 인정하여 건설교통부장관에게 요청하는 지역 —영 제116조 제1항

4.3.8. 토지거래 계약허가 대상

(1) 허가를 요하지 아니하는 면적 —영 제118조

<표 2-6> 토지거래 계약허가 대상이 아닌 면적

주거 지역	상업 지역	공업 지역	녹지 지역	도시, 지정되지 않은 지역	도시 외 지역	농지	임야
$180m^2$	$200m^2$	$660m^2$	$200m^2$	$180m^2$	$500m^2$	$1,000m^2$	$2,000m^2$

(2) 허가신청서 기재사항

1. 당사자 성명
2. 토지의 지번, 지목, 면적, 이용현황 및 권리설정현황
3. 토지의 정착물인 공작물, 건축물 및 입목에 관한 사항

4. 이전 또는 설정하고자 하는 권리의 서류
5. 계약예정금액
6. 토지의 이용에 관한 계획 ―법 제118조 제3항

(3) 토지거래허가의 절차

허가 후 타 법률을 적용하며 농지에 대하여 토지거래계약 허가를 받은 경우에는 농지법 제8조의 규정에 의한 농지취득자격증명을 받은 것으로 본다. 이 경우 시장, 군수 또는 구청장은 농업, 농촌기본법에 의한 농촌안의 농지에 대하여 토지거래계약을 허가하는 경우에는 농지취득자격증명의 발급요건에 적합한지의 여부를 확인하여야 하며, 허가한 내용을 농림부장관에게 통보하여야 한다. ―법 제126조

4.3.9. 개발행위

(1) 허가대상행위

토지의 형질변경(경작을 위한 토지의 형질변경을 제외한다.)은 절토, 성토, 정지, 포장 등의 방법으로 토지의 형상을 변경하는 행위와 공유수면의 매립 등을 하는 행위를 말한다.

―법 제56조 제1항, 영 제51조

(2) 허가의 기준

용도지역별 특성을 감안하여 형질변경면적으로서의 다음의 개발행위의 규모에 적합할 것, 다만 특별시장, 광역시장, 시장 또는 군수는 관리지역 및 농림지역에 대하여는 기준면적의 범위 안에서 도시계획조례로 따로 정할 수 있다. ―법 제58조 제1항, 영 제55조

<표 2-7> 개발행위 허가기준

도시지역			관리지역	농림지역	자연환경 보전지역
주거, 상업, 자연, 생산녹지	공업녹지	보전녹지지역			
1만m^2 미만	3만m^2	5천m^2	3만m^2	3만m^2	5천m^2

(3) 관계법률

관계법률로서 농지법 등을 검토하여야 한다.

(4) 농지전용허가의 제한

• 허가의 금지

농림부장관은 농지전용허가를 함에 있어서 국토의 계획 및 이용에 관한 법률에 의한 도시지역과 계획관리지역 및 개발진흥지구 안의 농지를 제외하고는 법에 규정된 시설의 부지로 사용하는 경우에는 그 전용을 허가할 수 없다. —법 제39조 제1항, 영 제49조

• 지목변경

농지는 다음에 해당하는 경우를 제외하고는 전, 답, 과수원 외의 지목으로 변경하지 못한다. —법 제43조

4.3.10. 개발가능 건축행위

(1) 국토의 계획 및 이용에 관한 법률의 건축행위

국토의 계획 및 이용에 관한 법률에 의하여 건축할 수 있는 건축물은 4층 이하의 건축물에 한한다. 해당 건축시설은 단독주택, 교육연구 및 복지시설, 중·초등학교, 의료시설, 창고시설, 공용시설 등이다. 시 도시계획조례에 의하여 건축할 수 있는 건축물은 4층 이하의

<표 2-8> 개발가능 건축행위 규모

건폐율	4층 이하의 건축물로서 60% 이하
용적률	60% 이하
토지거래허가	농지, 1,000m^2 이상이므로 토지거래허가대상
개발행위허가	토지의 형질변경으로서 1만m^2 미만이므로 개발행위 허가 가능

건축물에 한하며 공동주택(아파트, 기숙사 제외), 휴게음식점, 문화 및 집회시설, 판매 및 영업시설, 제2종근린생활시설(단란주점 제외, 일반음식점의 경우 연면적이 330m^2 이하이고 3층 이하로 건축하는 것에 한함), 종합병원, 병원, 치과병원 및 한방병원, 운동시설(운동장 제외), 자동차관련시설 등이다.

(2) 농지법상의 건축행위

다음에 해당하는 시설의 부지로 사용하는 경우에는 전용을 허가할 수 없다.

1. 7,500m^{2}를 초과하는 공동주택 중 기숙사
2. 15,000m^{2}를 초과하는 휴게음식점, 일반음식점, 안마시술소 및 일반숙박시설
3. 1,000m^{2}를 초과하는 단독주택, 1종 근린생활시설, 제2종 근린생활시설, 문화 및 집회시설, 교육연구 및 복지시설, 운동시설, 업무시설 등
4. 30,000m^{2}를 초과하는 판매 및 영업시설(도·소매시장에 한함), 공장 및 창고시설
5. 10,000m^{2}를 초과하는 시설(1−4에 해당하지 않는 시설 중)
6. 기타 해당지역의 농지규모, 농지보전상황 등 농업여건을 감안하여 시 및 군의 조례로 정하는 농업의 진흥이나 농지의 보전을

저해하는 시설

4.3.11. 국토계획법에 의한 용도지역, 지구, 구역

국토계획법에 의한 도시관리계획안에 의하면 국토의 모든 토지는 용도지역, 지구, 구역으로 나누어져 있다. 용도지역은 토지의 이용 및 건축물의 용도, 건폐율, 용적률, 높이 등을 제한함으로써 토지를 경제적 · 효율적으로 이용하기 위해 정해진 것이다. 용도지역은 중복지정이 가능하지 않다. 크게는 4가지로 분류되며 상세하게는 21가지로 분류되어 있다. 그리고 용도지역으로 미지정되어 있는 부분은 국토계획법 79조에 의하여 자연환경보전지역으로 지정하라고 명시되어 있다. 용도지역의 변경으로 토지의 개발을 위해 지목을 변경할 수 있다.

용도지구는 용도지역에 대한 제한을 완화 또는 강화하기 위한 목적인데 지구는 지역의 일부분에 지정할 수 있고 지구와 지구, 지역,

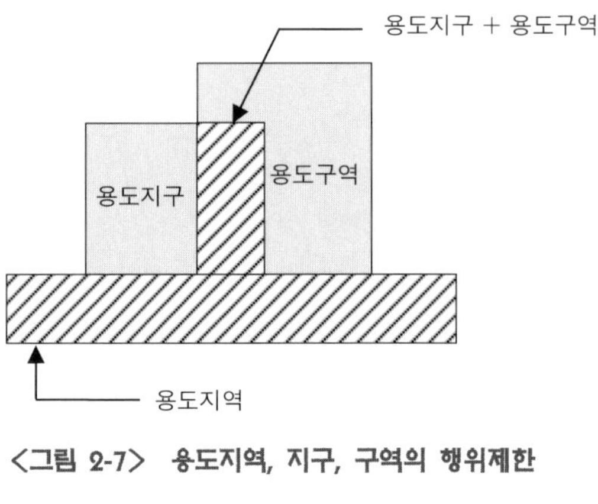

<그림 2-7> 용도지역, 지구, 구역의 행위제한

<표 2-9> 용도지역, 지구, 구역의 행위제한 내용

구 분	용도지역	용도지구	용도구역
지정목적	-토지의 경제적, 효율적 이용 -공공복리 증진	-용도지역의 기능증진	-시가지의 무질서한 확산방지
지정원칙	-모든 토지에 지정 -중복지정 불가능	-필요토지에 지정 -중복지정 가능	-필요토지에 지정 -중복지정 가능
지정범위	-전국의 모든 토지 대상	-용도지역 내 일부 토지대상	-용도지역, 지구와는 별도의 규모로 지정
행위제한	-건축물의 용도, 건폐율, 용적률 등 제한	-용도지역의 행위제한을 강화 또는 완화	-용도지역, 용도지구의 행위제한과는 별도로 행위제한
상호관계	-지역과 지구, 구역은 중복이 가능하다. -지구와 지구는 중복이 가능하다. -구역과 구역은 중복이 가능하지 않다.		

구역은 중복하여 지정할 수 있다. 그리고 용도지구는 시, 도 조례에 의해 용도지구를 신설할 수 있으나 당해 용도지역, 용도구역의 행위제한을 완화하는 용도지구는 신설할 수 없고 강화하는 목적만 신설할 수 있다.

용도구역은 개발제한구역, 시가화 조정구역, 수자원보호구역과 같은 지역과 지구처럼 개발 목적이 아닌 미래의 도시계획을 위한 제한을 목적으로 하고 있다. 지역, 지구보다 우선 적용되는 것은 아니지만 행위제한에 대해서는 우선시된다. 구역과 구역은 중복이 될 수 없고 다른 지역과 지구는 중복이 가능하다.

용도구역 안에 있는 개발제한구역 내 건축행위는 '개발제한구역의 지정 및 관리에 관한 특별조치법'을 우선으로 적용을 받는다. 그에 반해 개발제한구역 안의 취락지구는 개발제한구역의 지정 및 관리에 관한 특별조치법에 적용을 받는 것이 아니라 취락지구에 대한 특례에 대해 적용을 받게 된다. 이와 같이 부지에 대한 법적 적용은 서로 얽혀 있다.

지구단위계획구역은 1종지구단위계획과 2종지구단위계획으로 나뉘는데 이것은 2003년 국토의 계획 및 이용에 관한 법률에 개정되면서 생기게 된 것으로 전국적으로 800여 개의 구역으로 나누어져 있다. 지구단위계획을 통해 건폐율과 용적률을 완화할 수 있는데 이것은 국토계획법 제46조에 의해 2종지구단위계획일 경우 150%의 범위까지 완화가 가능하다. 이에 반해 1종지구단위계획일 경우에 공공공지나 공공시설 등에 대한 완화규정을 가지고 있다.

<표 2-10> 기타관련법 행위제한

관련법률	행위제한
농지법	제34조(용도지구 안에서의 행위제한) 제36조(농지전용허가, 협의)
군사시설보호법	제10조(허가청의 허가 등에 대한 협의)
해군기지법	제6조(허가청의 허가 등에 대한 협의)
군용항공기지법	제16조(관계행정청의 허가사항에 관한 제한) 제2조(관계행정청의 허가사항에 관한 제한)
자연공원법	제23조(행위허가) 제25조(공원보호구역)
수도권정비계획법	제7조(과밀억제권역 안에서의 행위제한) 제8조(성장관리권역 안에서의 행위제한) 제9조(자연보호권역 안에서의 행위제한)
택지개발촉진법	제6조 행위 등의 제한－택지개발예정지구 내 행위제한
도시공원법	제8조(도시공원 점용허가) 제12조의 2(녹지의 점용허가)
항공법	제82조(장애물의 제한 등) 제93조(항공개발예정지 내 행위제한)
학교보건법	제6조(정화구역 안에서의 금지행위 등)
산림법	제62조(보안림 안에서의 제한) 제70조(산림유전자보호림 시험림 및 보호수의 준용규정) 제90조(입목벌채 등의 허가와 신고)
도로법	제40조(도로의 점용)

	제50조(접도구역의 지정 등)
주차장법	제19조(부설주차장의 설치) 제19조의 4(부설주차장의 용도변경금지)
자연환경보전법	제20조(생태계보전지역 등에서의 행위제한)
수도법	제5조(상수원보호구역 안의 행위)
문화재보호법	제20조(국가지정문화재)
전통사찰보존법	제6조 2(전통사찰보존구역 주변지역의 보호)

<표 2-11> 법 적용항목 관련법

	항 목		내 용	관련법
국토계획법	용도	지역	도시/관리/농림/상업/자연환경보전	국토계획법, 건축법, 농지법, 산지법 등
		지구	경관/미관/고도/방화	
		구역	개발제한/시가화조정/수산자원보호	
		지구단위	1종지구단위/2종지구단위	
	토지거래		허가제한	국토계획법, 농지법, 산림법 등
	개발행위		허가제한	국토계획법, 농지법, 산림법 등
개발제한구역의 지정 및 관리에 관한 특별조치법	개발제한구역에서의 행위제한 존속 중인 건축물에 대한 특례 취락지구에 대한 특례			개발제한구역의 지정 및 관리에 관한 특별조치법
기 타	군사시설		군사시설보호구역/해군기지구역/ 군용항공기지구역	군사시설보호법, 해군기지법, 군용항공기지법
	농 지		농업진흥/농업보호구역	농지법
	산 림		생산보전임지/공익보전임지	산림법
	자연공원		공원구역/공원보호구역	자연공원법
	수 도		상수원보호구역/ 수질보전특별대책지역	수도법
	문화재		문화재/문화재보호구역	문화재보호법, 전통사찰보존법
	도로관계		도로너비/대지에 접한 면 수 등	국토계획법, 도로법, 주차장법 등

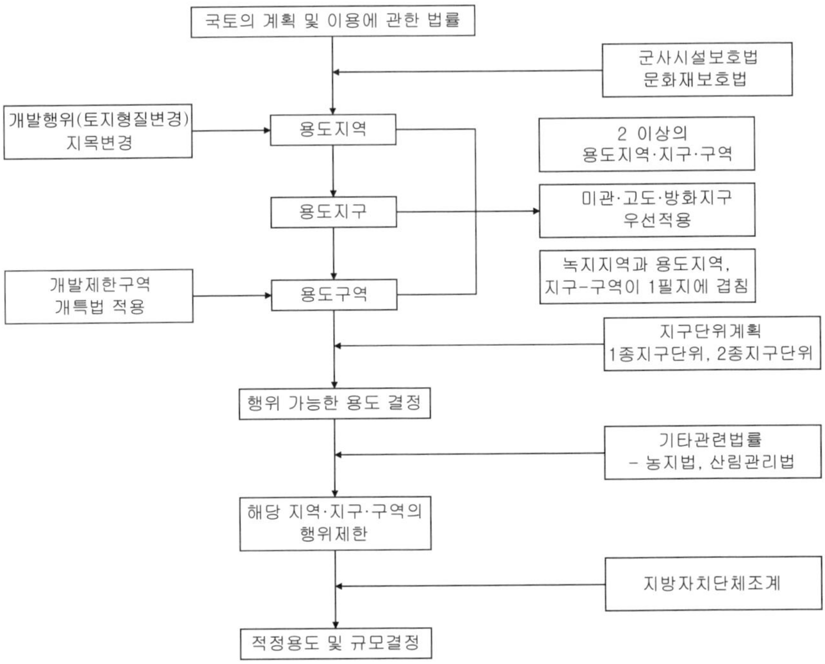

<그림 2-8> 법의 위계화에 따른 전원주택지 적정규모 결정방법

4.4. 법적 검토항목

전원주택 건축에 관련된 법적 검토항목을 살펴보면 지역 및 지구 안에서 건축행위 제한에 관하여 규정하고 있다. 부지의 적합성을 검토하는 데 여러 관련법들이 있는데 이를 정리하면 〈표 2-12〉와 같다.

지적법에서는 지목에 따른 분류로 토지의 성격을 규정하고 부지의 용도와 지구단위계획, 토지거래, 개발행위의 허가 및 도시계획시설에 관한 것은 국토의 계획 및 이용에 관한 법률에 규정되어 있다. 개발을 하기 위해서는 개발행위허가의 신청내용이 기준에 적합한 경우에

<표 2-12> 부지관련법

	항목		내 용	관련법
지적법	지 번		–	–
	지 목		전/답/임야/대지 등	국토계획법
	면 적		m^2	
국토의 계획 및 이용에 관한 법률	용 도	지 역	지역분류: 도시/관리/농림/자연환경보전 행위제한의 특례 용적률, 건폐율	건축법, 농지법, 산지법
		지 구	지구분류: 경관/미관/고도/방화/방재/보존/시설보호/취락/개발진흥/특정용도제한/아파트/리모델링, 행위제한	
		구 역	용도구역 종류: 개발제한/시가화조정/수자원보호, 행위제한	
	지구단위계획		용도제한, 건축제한, 환지	
	토지거래		허가제한	농지법, 산림법 등
	개발행위		허가제한	농지법, 산림법 등
	도시계획시설			
기타	도로관계		도로너비/대지에 접한 면 수 등	국토계획법, 도로법, 주차장법 등
	군사시설		군사시설보호구역/해군기지구역/군용항공기지구역	군사시설보호법, 해군기지법, 군용항공기지법
	농 지		농업진흥/농업보호구역	농지법
	산 림		생산보전임지/공익보전임지	산림법
	자연공원		공원구역/공원보호구역	자연공원법
	수 도		상수원보호구역/수질보전특별대책지역	수도법
	하 천			
	문화재		문화재/문화재보호구역	문화재보호법, 전통사찰보존법

한하여 개발행위를 허가해야 한다[2]고 규정하고 있다. 기타 도로관계, 군사시설, 농지, 산업 등 개발제한에 영향을 주는 관련법들을 검토하여야 한다.

2) 국토의 계획 및 이용에 관한 법률, 법 제58조 제1항, 영 제55조.

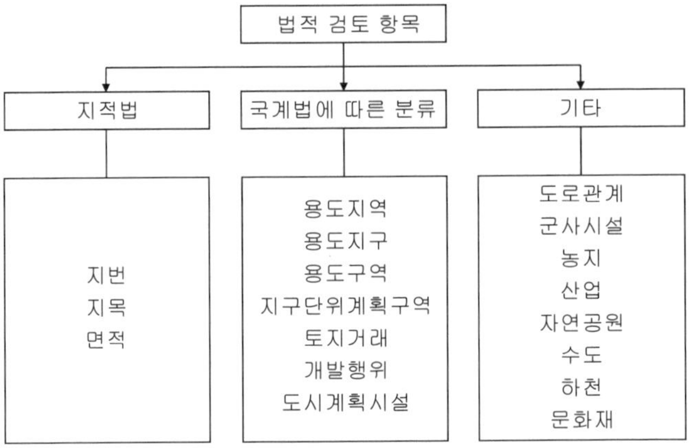

<그림 2-9> 법 검토항목의 관련법

4.5. 법적용 항목

전원주택 부지 개발 시 검토되어야 하는 항목들은 서로 연관되어 행위제한이 이루어지고 있다. 토지거래와 개발행위는 허가구역, 행위제한, 허가대상, 허가면적, 지목변경, 전용허가를 규정한다. 용도는 허가대상, 허가면적, 건폐율, 용적률을 규정한다. 서로 중첩되는 부분은 허가대상과 허가면적이다(〈그림 2-10〉).

이를 토지에 대한 법, 토지와 건축에 대한 법, 건축에 대한 법으로 크게 3가지로 분류하여 법의 제한을 살펴보면 〈그림 2-11〉과 같다.[3)]

전원주택 건축부지 관련법은 일반적 토지이용 분류방식, 과세기준

3) *건폐율과 용적률은 대통령령이 정하는 바에 따른다(법률 → 대통령령 → 조례). 법 제77조, 제78조.
*특례: 건폐율 및 용적률 조정, 강화, 완화, 별도지정(도시계획시설 중 유원지 및 공원), 건폐율 농지법의 특례, 건폐율(법 제77조, 제78조)법 제84조에 의한다.

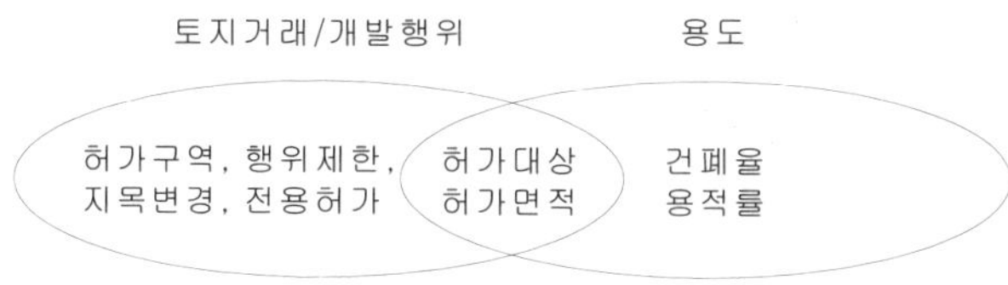

<그림 2-10> 전원주택 부지 개발 시 법 검토항목

관련법, 건축허가 관련법 등으로 구분될 수 있으나 건축허가 관련행위를 중심으로 건축부지 관련법을 열거, 정리할 수도 있다.

전원주택 건축부지 관련법으로서 국토의 계획 및 이용에 관한 법, 수도권 정비계획법, 도시개발법, 도시재개발법, 건축법, 농지법, 산림법, 자연공원법, 문화재보호법, 자연환경보전법, 택지개발촉진법, 도로법 등이 있으나 이러한 법의 적용 위계는 상위법, 하위법, 관련법으로 체계화할 수 있다. 이를 도식화하면 〈그림 2-12〉, 〈그림 2-13〉, 〈그림 2-14〉, 〈그림 2-15〉와 같다.

〈그림 2-12〉, 〈그림 2-13〉, 〈그림 2-14〉, 〈그림 2-15〉에서 상위법으로서의 국토의 계획 및 이용에 관한 법 등이 검토된 이후 하위법인 도시개발법 등이 검토되는 과정을, 관련법은 상위법과 하위법에 대하여 공통적으로 병행검토하는 과정을 설명하고 있다.

즉, 건폐율, 용적률, 용도, 토지거래, 개발행위, 행위제한, 주변지역보호 등에 관한 법적용 검토항목들은 상위법에서 검토하며 도로관계, 대지분할, 대지와 도로와의 관계, 건축제한 등은 하위법에서 검토한다.

또한, 용도, 군사시설, 농지, 산림, 자연공원, 문화재, 도로관계, 토지거래, 개발행위, 지목변경, 전용허가, 공원보호, 행위제한, 도로점용, 접도구역, 주차장 등은 관련법에서 검토하며, 이들 중 용도, 토지거래, 개발행위, 행위제한 등은 상위법과 연계하여 동시 검토함을 설명하고 있다. 뿐만 아니라 법적용 검토항목 중 도로관계 항목은 관련법과 하위법에서 동시에 연계하여 검토함을 설명하고 있다. 이상의 내용은 법적용 검토항목이 상호 간의 위계를 이루고 있으며 법적용에 있어서 우선순위가 있다는 것을 설명한다.

법적용 검토항목들은 〈표 2-13〉에서와 같이 상위법에 a, b, c, j, k, r, w, 하위법에 a, b, c, j, k, *l*, m, n, 관련법에 c, d, e, f, g, h, i, j, k, o, p, q, r, s, t, u, v 등이 분포되어 있다(〈그림 2-15〉 참조). 이를 정리하면 법적용 검토항목의 그룹을 상위법, 하위법, 관련법, 상위법 + 하위법, 상위법 + 관련법, 하위법 + 관련법, 상위법 + 하위법 + 관련법 등의 유형으로 분류할 수 있다(〈표 2-13, 14〉 참조).

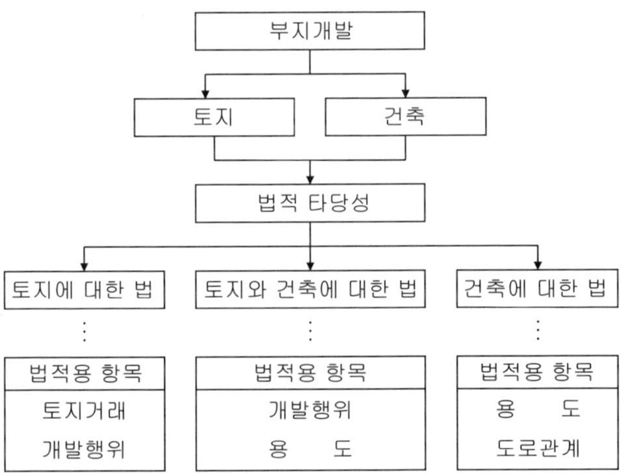

〈그림 2-11〉 전원주택 부지 개발 관련법

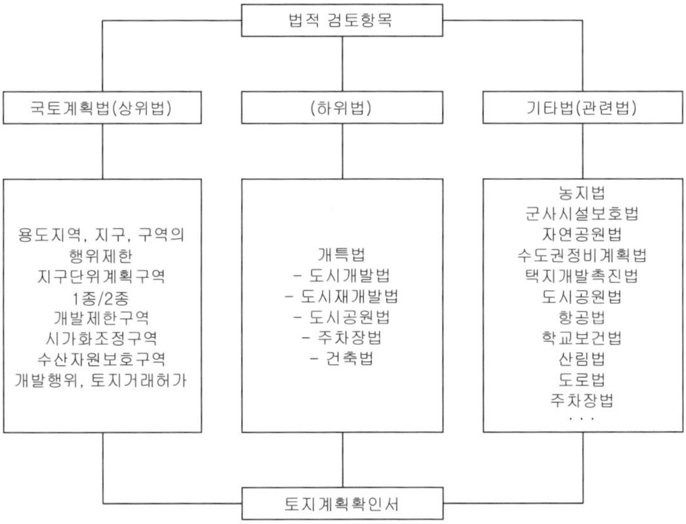

<그림 2-12> 법 검토체계

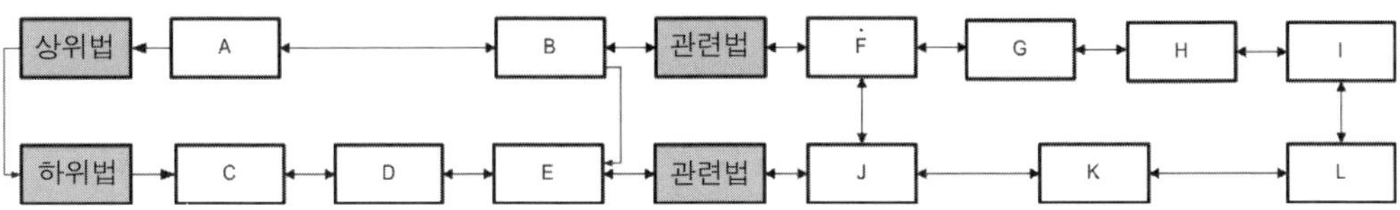

범례: A-국토의 계획 및 이용에 관한 법
B-수도권정비계획법
C-도시 및 주거환경 정비법
D-도시재개발법
E-건축법
F-농지법
G-산림법
H-자연공원법
I-문화재보호법
J-주차장법
K-군사시설보호법
L-도로법

<그림 2-13> 건축관련법의 적용위계

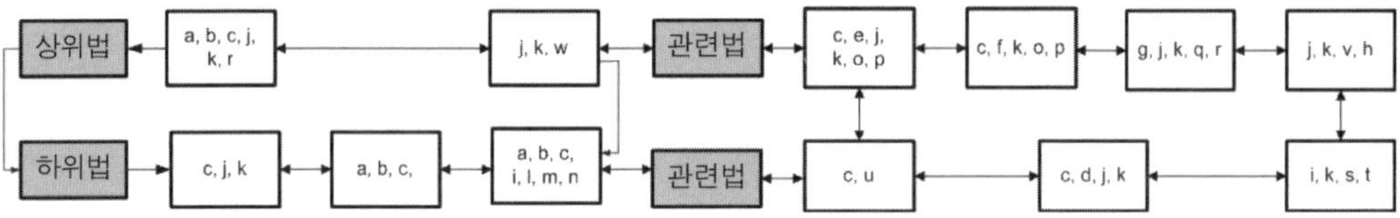

범례: a－건폐율 　b－용적률 　c－용도 　d－군사시설 　e－농지 　f－산림 　g－자연공원 　h－문화재 　i－도로관계 　j－토지거래 　k－개발행위 　ℓ－대지분할 　m－대지와 도로와의 관계 　n－건축제한 　o－지목변경 　p－전용허가 　q－공원보호 　r－행위제한 　s－도로점용 　t－접도구역 　u－주차장 　v－용도변경 금지 　w－주변지역보호

<그림 2-14> 관련법의 법적용 항목

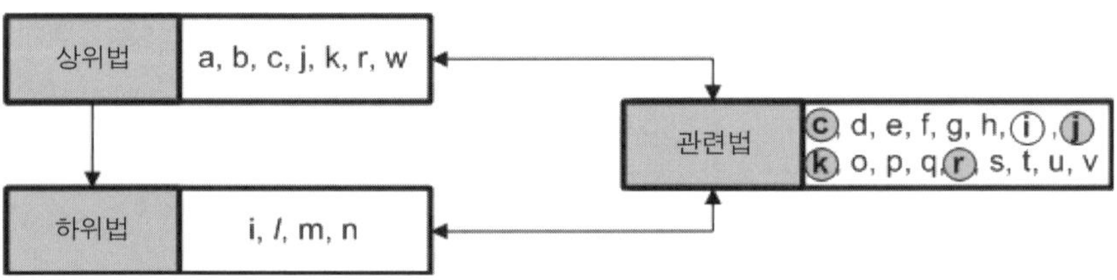

범례: ● 상위법, 관련법 검토
○ 하위법, 관련법 검토

<그림 2-15> 법적용 항목의 위계화

<표 2-13> 법적용 검토항목의 관련법 분포

법적용 검토항목	a	b	c	d	e	f	g	h	i	j	k	ℓ	m	n	o	p	q	r	s	t	u	v	w
상위법	■	■	■							■	■							■					■
하위법	■	■	■						■	■	■	■	■	■									
관련법				■	■	■	■	■	■	■	■				■	■	■	■	■	■	■	■	

<표 2-14> 법적용 검토항목의 분류그룹

No.	구 분	법적용 검토항목
1	상위법	w
2	하위법	ℓ, m, n
3	관련법	d, e, f, g, h, o, p, q, s, t, u, v
4	상위법 + 하위법	a, b
5	상위법 + 관련법	r
6	하위법 + 관련법	i
7	상위법 + 하위법 + 관련법	c, j, k

범례: ■ 하위법 그룹
□ 하위법+관련법 그룹

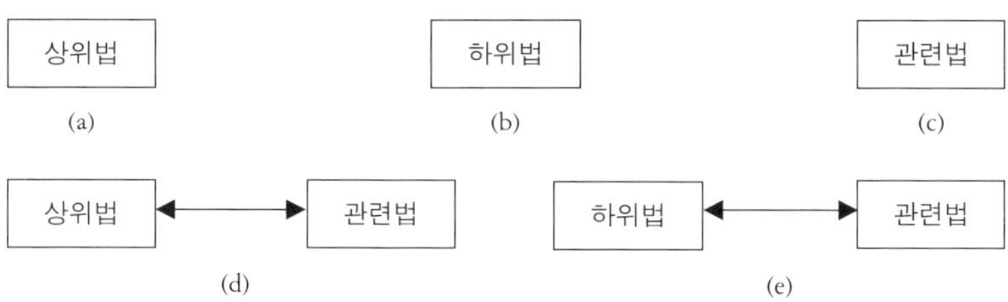

<그림 2-16> 법적용 검토항목의 검토그룹의 종류

〈표 2-15〉 검토그룹별 법적용 검토항목

그 룹	법적용 검토항목
a	w
b	a, b, ℓ, m, n
c	d, e, f, g, h, o, p, q, s, t, u, v
d	r
e	c, i, j, k

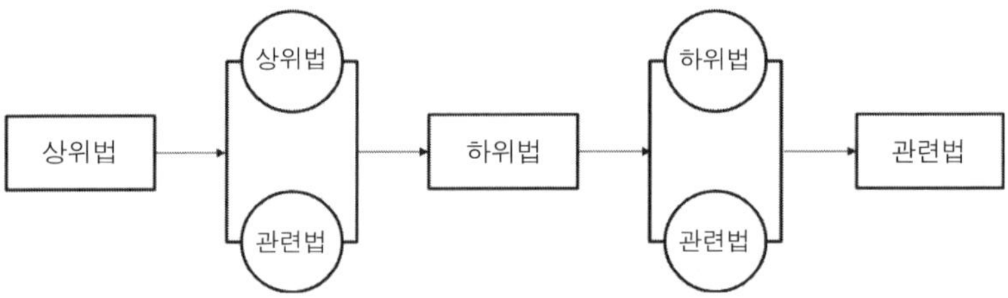

〈그림 2-17〉 법적용 검토의 프로세스

〈표 2-14〉에서 상위법 + 하위법과 상위법 + 하위법 + 관련법에 속해 있는 법적용 검토항목은 법위계에 의거, 하위법은 상위법에 의해 제한되어 법적용 검토항목의 내용이 하위법에서 결정되게 되므로 하위법 혹은 하위법 + 관련법 그룹과 같은 성격을 갖게 된다. 이를 도식화하면 〈그림 2-17〉과 같다.

즉, 상위법, 하위법, 관련법 등의 개별적 법내용 검토만으로 검토가 끝나는 경우와 상위법과 관련법, 하위법과 관련법 상호검토로 끝나는 경우로 축약된다. 이를 정리하면 〈표 2-15〉와 같다.

〈그림 2-16〉의 내용을 법적용 검토항목을 대입하여 상위법으로부터 관련법까지 순차적으로 검토하는 위계를 정립할 수 있다. 이를 프로세스화하면 〈그림 2-17〉과 같다.

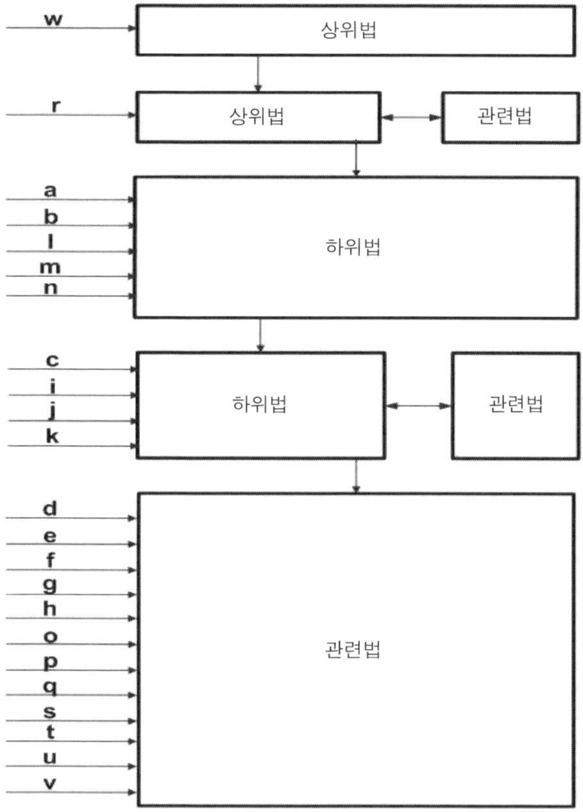

<그림 2-18> 법적용 검토항목의 검토체계

이는 전원주택 건축부지의 해당 법적용 검토항목을 검토하고자 할 때 단순한 체크리스트에 의하여 진행하지 않고 달리 검토항목 간의 상관관계와 위계에 의거 체계적인 법적용 검토를 진행할 수 있도록 한 것이다.

이와 같은 방법에 의하여 해당 전원주택 건축부지의 법적용 검토항목에 대한 검토를 진행하면 종래의 법적용 검토항목에 대한 검토의 중복, 누락, 우선적용착오 등을 방지하게 된다. 프로세스에 법적용 검토항목을 대입하여 검토체계를 구축하면 〈그림 2-18〉과 같다.

이를 법적용 검토항목에 대한 세부내용으로까지 확장시키면 그 검토체계의 기능을 더욱 발전시킬 수 있다. 본 검토방법은 검토항목의 순위를 상위법, 하위법, 관련법의 순으로 하여 그 위계를 결정하고 있다.

4.6. 전원주택 부지선정의 법검토 시행절차

전원주택 신축 시 적용되는 법규는 건축법, 동법 시행령과 시행규칙, 주차장법, 동법 시행령과 시행규칙, 그 외의 법 및 대통령령, 지방자치 조례, 규정, 지침 등이 있다. 이러하듯 법은 헌법을 최상으로 법률, 시행령, 시행규칙, 조례로 정해져 있다. 법은 또한 한 가지 항목으로 정해지는 것이 아니라 여러 법들이 그물같이 얽혀 상호보완적으로 관계를 맺고 있다.

지적법에 의하여 모든 토지는 국가가 측량을 하여 필지단위로 구분함으로써 매매의 단위가 되며 각 필지는 지번이 부여되고 이를 나눌 수 있고 합칠 수도 있다. 토지는 크게 종별, 사용목적, 그리고 용도적 기능에 의한 기준으로 분류할 수 있다.

지목 중에서 건축을 할 수 있는 토지를 '대'라고 하며 대지라고 불린다. 이것은 전체 토지의 2.5%에 불과하다. 토지의 형질을 변경하여 지목변경을 하는 경우도 있다.

4.6.1. 토지이용 분류기준

용도구역은 용도지구와 용도지역의 세부내용을 포함하며 지구단위계획구역은 제1종과 제2종에 차이는 있으나 대상지역에 따른 건축제한을 규정하고 있으므로 용도구역, 용도지구, 용도지역을 부분적으로 포함할 수 있는 독립적인 성격을 갖는다. 단, 용도구역의 구분 중 개발제한구역에 관한 내용은 별도로 '개발제한구역의 지정 및 관리에 관한 특별조치법'으로 명시하고 있어 독립적인 법적 검토가 필요하다.

용도지역, 지구, 구역의 관계에서 용도지역은 국토이용계획 및 이용에 관한 법률의 적용을 받는 전체 토지를 대상으로 지정한다. 그리고 지역과 지역은 중복지정이 불가하다. 용도지구는 국토이용계획 및 이용에 관한 법률의 적용을 받는 토지 일부를 대상으로 지정한다. 그리고 용도지역과 관계없이 독자적·국부적·추가적으로 지정한다. 지역과는 물론 지구 및 구역과도 중복지정이 가능하다. 용도구역은 국지적으로 지정한다. 그리고 구역과 구역은 중복지정이 불가하나, 지구 및 지역과는 중복지정이 가능하다.

<표 2-16> 토지이용 분류기준

분류기준	세부내용	토지이용계획확인서
지 목	· 일반적 토지이용 분류방식으로 모든 필지는 1개의 지목이 지정되어 국토 전체가 동일한 기준으로 적용 · 용도의 구분이 단순하여 토지이용특성이 반영되지 못함	· 지목과 건축법에 의한 분류기준을 포함하며 일반적인 토지의 법적 성격을 규정
과 세	· 과세기준이 중요시되어 토지나 건물의 기능적인 공통성이나 입지적 공통성의 반영이 미흡	
건축법	· 지역지구제에 의한 토지이용분류를 세분화하여 토지이용특성을 반영함 · 용도분류가 토지이용의 규제와 직접적으로 관계하므로 토지이용 분류체계의 기준으로 적합	

4.6.2. 법적용 검토항목의 종류

토지이용계획 확인서는 국토계획법 이외의 법률인 개발제한구역의 지정 및 관리에 관한 특별조치법이나 기타법률을 모두 나타내고 있는 문서이다. 따라서 국토계획법과 타 법률 간의 관계성을 설정하기 위한 검토항목의 조사가 필요하다. 지번, 지목, 면적은 토지를 분류시키는 목적을 가지고 있을 뿐 법적인 효력은 가지지 못한다.

검토항목을 분류해보면 국토이용계획에 관한 법률과 개발제한구역의 지정 및 관리에 관한 특별조치법, 기타법률로 나눌 수 있다. 국토계획법에 의한 법률 중 실질적으로 쓰이고 있는 도시관리계획은 광역도시계획 또는 도시기본계획의 내용을 구체적으로 시행할 수 있는 실시계획이다. 도시관리계획 안에는 용도지역, 지구, 구역에 행위제한을 두거나 건폐율, 용적률을 제한할 수 있다. 용도지역은 모든 토지를 분류시키며 용도지구는 용도지역 안에 생성될 수 있다. 지역과 지구는 개별적으로 법적 제한을 가지며, 용도구역은 지역 및 지구와는 달리 이러한 계획이 무차별적으로 되는 것을 막기 위해 생겨진 것이다.

이러한 법률 이외에는 군사시설 및 농지법, 산림법과 같은 행위를 제한하는 법률이 있다. 이것은 용도지역에 의한 제한보다 먼저 검토가 되어야 하는 사항이다.

4.6.3. 용도지역의 건축물

용도지역에서는 용도지역별 건축제한, 행위제한의 특례, 용도지역별 건폐율, 용도지역별 용적률, 건폐율 및 용적률의 특례 등의 건축제한이 있다.

<표 2-17> 용도지역의 건축물 규격사항

지역 \ 밀도				건폐율 (%)	용적률 (%)	건물높이 제한	일조에 의한 높이제한	대지와 도로의 관계	건축선 지정
도시지역	주거지역	전용	제1종	50	50−100	별도의 높이제한 없음	별도의 높이제한 없음		
			제2종	50	100−150				
		일반	제1종	60	100−200	4층 이하			
			제2종	60	150−250	15층 이하			
			제3종	50	200−300	별도의 높이제한 없음			
		준		70	200−500				
	상업지역	중 심		90	400−1500				
		일 반		80	300−1300				
		근 린		70	200−900				
		유 통		80	200−1100				
	공업지역	전 용		70	150−300				
		일 반		70	200−350				
		준		70	200−400				
	녹지지역	보 전		20	50−80				
		생 산		20	50−100	4층 이하			
		자 연		20	50−100				
관리지역		보 전		40	50−100				
		생 산		20	50−80				
		계 획		20	50−80				
농림지역	농림지역	농 림		20	50−80				
자연환경보전지역	자연환경보전지역	자연환경 보전		20	50−80				

〈표 2-17〉은 도시지역에 있는 주거지역, 상업지역, 공업지역, 녹지지역의 건폐율, 용적률, 건물높이 제한, 일조에 의한 높이제한, 대지와 도로의 관계, 건축선지정을 나타낸 것이다.

4.7. 건축관련법

■ 국토의 계획 및 이용에 관한 법률

제2절 용도지역 · 용도지구 · 용도구역

제36조(용도지역의 지정)

① 건설교통부장관 또는 시 · 도지사는 다음 각호의 1의 용도지역의 지정 또는 변경을 도시관리계획으로 결정한다.

1. 도시지역: 다음 각목의 1로 구분하여 지정한다.
   가. 주거지역: 거주의 안녕과 건전한 생활환경의 보호를 위하여 필요한 지역
   나. 상업지역: 상업 그 밖의 업무의 편익 증진을 위하여 필요한 지역
   다. 공업지역: 공업의 편익증진을 위하여 필요한 지역
   라. 녹지지역: 자연환경 · 농지 및 산림의 보호, 보건위생, 보안과 도시의 무질서한 확산을 방지하기 위하여 녹지의 보전이 필요한 지역
2. 관리지역: 다음 각목의 1로 구분하여 지정한다.
   가. 보전관리지역: 자연환경보호, 산림보호, 수질오염방지, 녹지공간 확보 및 생태계보전 등을 위하여 보전이 필요하나, 주변의 용도지역과의 관계 등을 고려할 때 자연환경보전지역으로 지정하여 관리하기가 곤란한 지역
   나. 생산관리지역: 농업 · 임업 · 어업생산 등을 위하여 관리가 필요하나, 주변의 용도지역과의 관계 등을 고려할 때 농림지역으로 지정하여 관리하기가 곤란한 지역
   다. 계획관리지역: 도시지역으로의 편입이 예상되는 지역 또는 자

연환경을 고려하여 제한적인 이용·개발을 하려는 지역으로서 계획적·체계적인 관리가 필요한 지역

3. 농림지역

4. 자연환경보전지역

② 건설교통부장관 또는 시·도지사는 대통령령이 정하는 바에 따라 제1항 각호 및 각호 각목의 용도지역을 도시관리계획결정으로 다시 세분하여 지정하거나 이를 변경할 수 있다.

제37조(용도지구의 지정)

① 건설교통부장관 또는 시·도지사는 다음 각호의 1의 용도지구의 지정 또는 변경을 도시관리계획으로 결정한다.

1. 경관지구: 경관을 보호·형성하기 위하여 필요한 지구
2. 미관지구: 미관을 유지하기 위하여 필요한 지구
3. 고도지구: 쾌적한 환경조성 및 토지의 고도이용과 그 증진을 위하여 건축물의 높이의 최저한도 또는 최고한도를 규제할 필요가 있는 지구
4. 방화지구: 화재의 위험을 예방하기 위하여 필요한 지구
5. 방재지구: 풍수해, 산사태, 지반의 붕괴 그 밖의 재해를 예방하기 위하여 필요한 지구
6. 보존지구: 문화재, 중요 시설물 및 문화적·생태적으로 보존가치가 큰 지역의 보호와 보존을 위하여 필요한 지구
7. 시설보호지구: 학교시설·공용시설·항만 또는 공항의 보호, 업무기능의 효율화, 항공기의 안전운항 등을 위하여 필요한 지구
8. 취락지구: 녹지지역·관리지역·농림지역·자연환경보전지역 또는 개발제한구역 안의 취락을 정비하기 위한 지구
9. 개발진흥지구: 주거기능·상업기능·공업기능·유통물류기능·관광기능·휴양기능 등을 집중적으로 개발·정비할 필요가 있는 지

구

10. 특정용도제한지구: 주거기능 보호 또는 청소년 보호 등의 목적으로 청소년 유해시설 등 특정시설의 입지를 제한할 필요가 있는 지구

11. 그 밖에 대통령령이 정하는 지구

② 건설교통부장관 또는 시·도지사는 필요하다고 인정되는 때에는 대통령령이 정하는 바에 따라 제1항 각호의 용도지구를 도시관리계획결정으로 다시 세분하여 지정하거나 이를 변경할 수 있다.

③ 시·도지사는 지역여건상 필요한 때에는 대통령령이 정하는 기준에 따라 당해 시·도의 조례로 용도지구의 명칭 및 지정목적과 건축 그 밖의 행위의 금지 및 제한에 관한 사항 등을 정하여 제1항 각호의 용도지구 외의 용도지구의 지정 또는 변경을 도시 관리계획으로 결정할 수 있다.

제38조(개발제한구역의 지정)

① 건설교통부장관은 도시의 무질서한 확산을 방지하고 도시주변의 자연환경을 보전하여 도시민의 건전한 생활환경을 확보하기 위하여 도시의 개발을 제한할 필요가 있거나 국방부장관의 요청이 있어 보안상 도시의 개발을 제한할 필요가 있다고 인정되는 경우에는 개발제한구역의 지정 또는 변경을 도시관리계획으로 결정할 수 있다.

② 개발제한구역의 지정 또는 변경에 관하여 필요한 사항은 따로 법률로 정한다.

제39조(시가화조정구역의 지정)

① 건설교통부장관은 직접 또는 관계 행정기관의 장의 요청을 받아 도시지역과 그 주변지역의 무질서한 시가화를 방지하고 계획적·단계적인 개발을 도모하기 위하여 대통령령이 정하는 일정기간 동안 시가화를 유보할 필요가 있다고 인정되는 경우에는 시가화조정구역의 지정 또는 변경을 도시관리계획으로 결정할 수 있다.

② 시가화조정구역의 지정에 관한 도시관리계획의 결정은 제1항의 규정에 의한 시가화 유보기간이 만료된 날의 다음 날부터 그 효력을 상실한다. 이 경우 건설교통부장관은 대통령령이 정하는 바에 따라 그 사실을 고시하여야 한다.

제40조(수산자원보호구역의 지정)

건설교통부장관은 직접 또는 관계 행정기관의 장의 요청을 받아 수산자원의 보호·육성을 위하여 필요한 공유수면이나 그에 인접된 토지에 대한 수산자원보호구역의 지정 또는 변경을 도시관리계획으로 결정할 수 있다.

제4절 지구단위계획

제49조(지구단위계획의 구분)

지구단위계획은 다음 각호와 같이 구분한다.

1. 제1종지구단위계획: 토지이용을 합리화·구체화하고 도시 또는 농·산·어촌의 기능의 증진, 미관의 개선 및 양호한 환경을 확보하기 위하여 수립하는 계획
2. 제2종지구단위계획: 계획관리지역 또는 개발진흥지구를 체계적·계획적으로 개발 또는 관리하기 위하여 용도지역의 건축물 그 밖의 시설의 용도·종류 및 규모 등에 대한 제한을 완화하거나 건폐율 또는 용적률을 완화하여 수립하는 계획

제50조(지구단위계획구역 및 지구단위계획의 결정)

지구단위계획구역 및 지구단위계획은 도시관리계획으로 결정한다.

제51조(지구단위계획구역의 지정 등)

① 건설교통부장관 또는 시·도지사는 다음 각호의 1에 해당하는 지역의 전부 또는 일부에 대하여 제1종지구단위계획구역을 지정할 수 있다.

〈개정 20021230, 2003529〉

1. 제37조의 규정에 의하여 지정된 용도지구

2. 기반시설부담구역

3. 도시개발법 제3조의 규정에 의하여 지정된 도시개발구역

4. 도시 및 주거환경정비법 제4조의 규정에 의하여 지정된 정비구역

5. 택지개발촉진법 제3조의 규정에 의하여 지정된 택지개발예정지구

6. 삭제 <20021230>

7. 주택법 제16조의 규정에 의한 대지조성사업지구

8. 산업입지 및 개발에 관한 법률 제2조제5호의 규정에 의한 산업단지(동 법 제2조제6호 가목에 해당하는 시설용지를 제외한다)

9. 관광진흥법 제67조의 규정에 의하여 지정된 관광특구

10. 개발제한구역·시가화조정구역 또는 공원에서 해제되는 구역, 녹지지역에서 주거·상업·공업지역으로 변경되는 구역과 새로이 도시지역으로 편입되는 구역중 계획적인 개발 또는 관리가 필요한 지역

11. 그 밖에 양호한 환경의 확보 또는 기능 및 미관의 증진 등을 위하여 필요한 지역으로서 대통령령이 정하는 지역

② 건설교통부장관 또는 시·도지사는 다음 각호의 1에 해당하는 지역에 대하여는 이를 제1종지구단위계획구역으로 지정하여야 한다. 다만, 관계 법률에 의하여 당해 지역에 토지이용 및 건축에 관한 계획이 수립되어 있는 때에는 그러하지 아니하다.

1. 제1항제4호 내지 제6호의 지역에서 시행되는 사업이 완료된 후 10년이 경과된 지역

2. 제1항 각호 중 체계적·계획적인 개발 또는 관리가 필요한 지역으로서 대통령령이 정하는 지역

③ 건설교통부장관 또는 시·도지사는 다음 각호의 1에 해당하는 지역에 대하여 제2종지구단위계획구역을 지정할 수 있다.

1. 제36조의 규정에 의하여 지정된 계획관리지역으로서 대통령령이 정하는 요건에 해당하는 지역

2. 제37조의 규정에 의하여 지정된 개발진흥지구로서 대통령령이 정하는 요건에 해당하는 지역

제52조(지구단위계획의 내용)

① 지구단위계획구역의 지정목적을 달성하기 위하여 제1종지구단위계획에는 다음 각호의 사항중 1 이상의 사항이 포함되어야 하며, 제2종지구단위계획에는 다음 각호의 사항중 제2호 내지 제4호 및 제7호의 사항을 포함한 4 이상의 사항이 포함되어야 한다.

1. 용도지역 또는 용도지구를 대통령령이 정하는 범위 안에서 세분하거나 변경하는 사항
2. 대통령령이 정하는 기반시설의 배치와 규모
3. 도로로 둘러싸인 일단의 지역 또는 계획적인 개발·정비를 위하여 구획된 일단의 토지의 규모와 조성계획
4. 건축물의 용도제한·건축물의 건폐율 또는 용적률·건축물의 높이의 최고한도 또는 최저한도
5. 건축물의 배치·형태·색채 또는 건축선에 관한 계획
6. 환경관리계획 또는 경관계획
7. 교통처리계획
8. 그 밖에 토지이용의 합리화 도시 또는 농·산·어촌의 기능증진 등에 필요한 사항으로서 대통령령이 정하는 사항

② 지구단위계획은 도로 상·하수도 등 대통령령이 정하는 도시계획시설의 처리·공급 및 수용능력이 지구단위계획구역 안에 있는 건축물의 연면적, 수용인구 등 개발밀도와 적정한 조화를 이룰 수 있도록 하여야 한다.

③ 지구단위계획구역 안에서는 제76조 내지 제78조와 건축법 제32조·제33조·제51조·제53조 및 제67조 주차장법 제19조 및 제19조의 2의 규정을 대통령령이 정하는 범위 안에서 지구단위계획이 정하는 바에 따라 완화하여 적용할 수 있다.

④ 지구단위계획의 수립기준 등은 대통령령이 정하는 바에 따라 건설교통부장관이 정한다.

제53조(지구단위계획구역의 지정에 관한 도시관리계획결정의 실효 등)

① 지구단위계획구역의 지정에 관한 도시관리계획결정의 고시일부터 3년 이내에 당해 지구단위계획구역에 관한 지구단위계획이 결정·고시되지 아니하는 경우에는 그 3년이 되는 날의 다음 날에 당해 지구단위계획구역의 지정에 관한 도시관리계획결정은 그 효력을 상실한다. 다만 다른 법률에서 지구단위계획의 결정(결정된 것으로 보는 경우를 포함한다)에 관하여 따로 정한 경우에는 그 법률에 의하여 지구단위계획을 결정할 때까지 지구단위계획구역의 지정은 그 효력을 유지한다.

② 시·도지사는 제1항의 규정에 의하여 지구단위계획구역 지정의 효력이 상실된 때에는 대통령령이 정하는 바에 따라 지체 없이 그 사실을 고시하여야 한다. 〔시행일 20050210〕

제54조(지구단위계획구역 안에서의 건축 등)

지구단위계획구역 안에서 건축물을 건축하거나 건축물의 용도를 변경하고자 하는 경우에는 그 지구단위계획에 적합하게 건축하거나 용도를 변경하여야 한다. 다만, 지구단위계획이 수립되어 있지 아니한 경우와 지구단위계획의 범위 안에서 시차를 두어 단계적으로 건축물을 건축하는 경우에는 그러하지 아니하다.

제5장 개발행위의 허가 등

제1절 개발행위의 허가

제56조(개발행위의 허가)

① 다음 각호의 1에 해당하는 행위로서 대통령령이 정하는 행위(이하 “개발행위”라 한다)를 하고자 하는 자는 특별시장·광역시장·시장 또는 군수

의 허가(이하 "개발행위허가"라 한다)를 받아야 한다. 다만 도시계획사업에 의하는 경우에는 그러하지 아니하다.

1. 건축물의 건축 또는 공작물의 설치
2. 토지의 형질변경(경작을 위한 토지의 형질변경을 제외한다)
3. 토석의 채취
4. 도시지역에서의 토지분할(건축법 제49조의 규정에 의한 건축물이 있는 대지를 제외한다)
5. 녹지지역·관리지역 또는 자연환경보전지역 안에 물건을 1개월 이상 쌓아놓는 행위

② 제1항의 규정은 개발행위허가를 받은 사항을 변경하는 경우에 이를 준용한다. 다만, 대통령령이 정하는 경미한 사항을 변경하는 경우에는 그러하지 아니하다.

③ 제1항의 규정에 불구하고 제1항제2호 및 제3호의 개발행위 중 도시지역 및 계획관리지역 안의 산림에서의 임도의 설치와 사방사업에 관하여는 각각 산림법 및 사방사업법의 규정에 의하고, 보전관리지역·생산관리지역·농림지역 및 자연환경보전지역 안의 산림에서의 제1항제2호 및 제3호의 개발행위에 관하여는 산지관리법의 규정에 의한다.

④ 다음 각호의 1에 해당하는 행위는 제1항의 규정에 불구하고 개발행위허가를 받지 아니하고 이를 할 수 있다. 다만 제1호의 행위를 한 경우에는 1개월 이내에 특별시장·광역시장·시장 또는 군수에게 이를 신고하여야 한다.

1. 재해복구 또는 재난수습을 위한 응급조치
2. 건축법에 의하여 신고하고 설치할 수 있는 건축물의 개축·증축 또는 재축과 이에 필요한 범위 안에서의 토지의 형질변경(도시계획시설사업이 시행되지 아니하고 있는 도시계획시설의 부지인 경우에 한한다)

3. 그 밖에 대통령령이 정하는 경미한 행위

제57조(개발행위허가의 절차)

① 개발행위를 하고자 하는 자는 당해 개발행위에 따른 기반시설의 설치 또는 그에 필요한 용지의 확보·위해방지·환경오염방지·경관·조경 등에 관한 계획서를 첨부한 신청서를 개발행위허가권자에게 제출하여야 한다. 이 경우 개발밀도관리구역안에서는 기반시설의 설치 또는 그에 필요한 용지의 확보에 관한 계획서를 제출하지 아니하며, 기반시설부담구역안에서는 기반시설부담계획에 따라 작성한 기반시설의 설치 또는 그 에 필요한 용지의 확보에 관한 계획서를 제출하여야 한다.

② 특별시장·광역시장·시장 또는 군수는 제1항의 규정에 의한 개발행위허가의 신청에 대하여 특별한 사유가 없는 한 대통령령이 정하는 기간 이내에 허가 또는 불허가의 처분을 하여야 한다.

③ 특별시장·광역시장·시장 또는 군수는 제2항의 규정에 허가 또는 불허가의 처분을 하는 때에는 지체 없이 그 신청인에게 허가증을 교부하거나 불허가처분사유를 서면으로 통지하여야 한다.

④ 특별시장·광역시장·시장 또는 군수는 개발행위허가를 하는 경우에는 대통령령이 정하는 바에 따라 당해 개발행위에 따른 기반시설의 설치 또는 그에 필요한 용지의 확보·위해방지·환경오염방지·경관·조경 등에 관한 조치를 할 것을 조건으로 개발 행위허가를 할 수 있다.

제58조(개발행위허가의 기준)

① 특별시장·광역시장·시장 또는 군수는 개발행위허가의 신청내용이 다음 각호의 기준에 적합한 경우에 한하여 개발행위허가를 하여야 한다.

1. 용도지역별 특성을 감안하여 대통령령이 정하는 개발행위의 규모에 적합할 것
2. 도시관리계획의 내용에 배치되지 아니할 것
3. 도시계획사업의 시행에 지장이 없을 것

4. 주변지역의 토지이용실태 또는 토지이용계획, 건축물의 높이, 토지의 경사도, 수목의 상태, 물의 배수, 하천·호소·습지의 배수 등 주변환경 또는 경관과 조화를 이룰 것

5. 당해 개발행위에 따른 기반시설의 설치 또는 그에 필요한 용지의 확보계획이 적정할 것

② 특별시장·광역시장·시장 또는 군수는 개발행위허가를 하고자 하는 때에는 당해 개발행위가 도시계획사업의 시행에 지장을 주는지의 여부에 관하여 당해 지역 안에서 시행되는 도시계획사업의 시행자의 의견을 들어야 한다.

③ 개발행위허가의 기준 등에 관하여 필요한 세부사항은 대통령령으로 정한다.

제63조(개발행위허가의 제한)

① 건설교통부장관 시·도지사 시장 또는 군수는 다음 각호의 1에 해당되는 지역으로서 도시관리계획상 특히 필요하다고 인정되는 지역에 대하여는 대통령령이 정하는 바에 따라 중앙도시계획위원회 또는 지방도시계획위원회의 심의를 거쳐 1회에 한하여 3년 이내의 기간 동안 개발행위허가를 제한할 수 있다. 다만, 제3호 내지 제5호에 해당 하는 지역에 대하여는 1회에 한하여 2년 이내의 기간 동안 개발행위허가의 제한을 연장할 수 있다.

1. 녹지지역 또는 계획관리지역으로서 수목이 집단적으로 생육되고 있거나 조수류 등이 집단적으로 서식하고 있는 지역 또는 우량농지 등으로 보전할 필요가 있는 지역
2. 개발행위로 인하여 주변의 환경·경관·미관·문화재 등이 크게 오염되거나 손상될 우려가 있는 지역
3. 도시기본계획 또는 도시관리계획을 수립하고 있는 지역으로서 당해 도시기본계획 또는 도시관리계획이 결정될 경우 용도지역·용도지구 또는 용도구역의 변경이 예상되고 그에 따라 개발행위허가

의 기준이 크게 달라질 것으로 예상되는 지역

4. 지구단위계획구역으로 지정되어 지구단위계획을 수립하고 있는 지역
5. 기반시설부담구역으로 지정되어 기반시설부담계획을 수립하고 있는 지역

② 건설교통부장관, 시 · 도지사, 시장 또는 군수는 제1항의 규정에 의하여 개발행위 허가를 제한하고자 하는 때에는 대통령령이 정하는 바에 따라 제한지역 · 제한사유 · 제한대상행위 및 제한기간을 미리 고시하여야 한다.

제6장 용도지역 · 용도지구 및 용도구역 안에서의 행위제한

제76조(용도지역 및 용도지구 안에서의 건축물의 건축제한 등)

① 제36조의 규정에 의하여 지정된 용도지역 안에서의 건축물 그 밖의 시설의 용도 · 종류 및 규모 등의 제한에 관한 사항은 대통령령으로 정한다.

② 제37조의 규정에 의하여 지정된 용도지구 안에서의 건축물 그 밖의 시설의 용도 · 종류 및 규모 등의 제한에 관한 사항은 이 법 또는 다른 법률에 특별한 규정이 있는 경우를 제외하고는 대통령령이 정하는 기준에 따라 특별시 · 광역시 · 시 또는 군의 조례로 정할 수 있다.

③ 제1항 및 제2항의 규정에 의한 건축물 그 밖의 시설의 용도 · 종류 및 규모 등의 제한은 당해 용도지역 및 용도지구의 지정목적에 적합하여야 한다.

④ 건축물 그 밖의 시설의 용도 · 종류 및 규모 등을 변경하는 경우 변경후의 건축물 그 밖의 시설의 용도 · 종류 및 규모 등은 제1항 및 제2항의 규정에 적합하여야 한다.

⑤ 다음 각호의 1의 경우의 건축물 그 밖의 시설의 용도 · 종류 및 규모 등의 제한에 관하여는 제1항 내지 제4항의 규정에 불구하고 각호에서 정하

는 바에 의한다.

1. 제37조제1항제8호의 규정에 의한 취락지구 안에서는 취락지구의 지정목적 범위 안에서 대통령령으로 따로 정한다.
2. 산업입지 및 개발에 관한 법률 제2조제5호 다목의 규정에 의한 농공단지 안에서는 산업입지 및 개발에 관한 법률이 정하는 바에 의한다.
3. 농림지역 중 농업진흥지역, 보전산지 또는 초지인 경우에는 각각 농지법 · 산지관리법 또는 초지법이 정하는 바에 의한다.
4. 자연환경보전지역 중 자연공원법에 의한 공원구역 · 공원보호구역, 수도법에 의한 상수원보호구역, 문화재보호법에 의하여 지정된 지정문화재 또는 천연기념물과 그 보호구역인 경우에는 각각 자연공원법 · 수도법 또는 문화재보호법이 정하는 바에 의한다.

⑥ 보전관리지역 또는 생산관리지역에 대하여 농림부장관 · 환경부장관 또는 산림청장이 농지보전 · 자연환경보전 또는 산림보전에 필요하다고 인정하는 경우 농지법 · 자연환경보전법 또는 산림법에 의하여 건축물 그 밖의 시설의 용도 · 종류 및 규모 등의 제한을 할 수 있다. 이 경우 이 법에 의한 제한의 취지와 형평을 이루도록 하여야 한다.

제77조(용도지역 안에서의 건폐율)

① 제36조의 규정에 의하여 지정된 용도지역 안에서 건폐율의 최대한도는 관할구역의 면적 및 인구규모, 용도지역의 특성 등을 감안하여 다음 각 호의 범위 안에서 대통령령이 정하는 기준에 따라 특별시 · 광역시 · 시 또는 군의 조례로 정한다.

1. 도시지역
   가. 주거지역: 70퍼센트 이하
   나. 상업지역: 90퍼센트 이하
   다. 공업지역: 70퍼센트 이하

라. 녹지지역: 20퍼센트 이하

2. 관리지역

가. 보전관리지역: 20퍼센트 이하

나. 생산관리지역: 20퍼센트 이하

다. 계획관리지역: 40퍼센트 이하

3. 농림지역: 20퍼센트 이하

4. 자연환경보전지역: 20퍼센트 이하

② 제36조제2항의 규정에 의하여 세분된 용도지역 안에서의 건폐율에 관한 기준은 제1항 각호의 범위 안에서 대통령령으로 따로 정한다.

③ 다음 각호의 1에 해당하는 지역 안에서의 건폐율에 관한 기준은 제1항 및 제2항의 규정에 불구하고 80퍼센트 이하의 범위 안에서 대통령령이 정하는 기준에 따라 특별시·광역시·시 또는 군의 조례로 따로 정한다.

1. 제37조제1항제8호의 규정에 의한 취락지구

2. 제37조제1항제9호의 규정에 의한 개발진흥지구(도시지역 외의 지역에 한한다)

3. 제40조의 규정에 의한 수산자원보호구역

4. 자연공원법에 의한 자연공원 및 공원보호구역

5. 산업입지 및 개발에 관한 법률 제2조제5호 다목의 규정에 의한 농공단지

6. 공업지역 안에 있는 산업입지 및 개발에 관한 법률 제2조제5호 가목 및 나목의 규정에 의한 국가산업단지 및 지방산업단지

④ 다음 각호의 1의 경우로서 대통령령이 정하는 경우에는 제1항의 규정에 불구하고 대통령령이 정하는 기준에 따라 특별시·광역시·시 또는 군의 조례로 건폐율을 따로 정할 수 있다.

1. 토지이용의 과밀화를 방지하기 위하여 건폐율을 강화할 필요가 있는 경우

2. 주변여건을 고려하여 토지의 이용도를 높이기 위하여 건폐율을 완화할 필요가 있는 경우

3. 보전관리지역·생산관리지역·농림지역 또는 자연환경보전지역에서 농업·임업·어업용 또는 주민생활의 편익증진을 위한 건축물을 건축하고자 하는 경우

第78조(용도지역 안에서의 용적률)

① 제36조의 규정에 의하여 지정된 용도지역 안에서 용적률의 최대한도는 관할구역의 면적 및 인구규모 용도지역의 특성 등을 감안하여 다음 각호의 범위 안에서 대통령령이 정하는 기준에 따라 특별시·광역시·시 또는 군의 조례로 정한다.

1. 도시지역

가. 주거지역: 500퍼센트 이하

나. 상업지역: 1천 500퍼센트 이하

다. 공업지역: 400퍼센트 이하

라. 녹지지역: 100퍼센트 이하

2. 관리지역

가. 보전관리지역: 80퍼센트 이하

나. 생산관리지역: 80퍼센트 이하

다. 계획관리지역: 100퍼센트 이하

3. 농림지역: 80퍼센트 이하

4. 자연환경보전지역: 80퍼센트 이하

② 제36조제2항의 규정에 의하여 세분된 용도지역 안에서의 용적률에 관한 기준은 제1항 각호의 범위 안에서 대통령령으로 따로 정한다.

③ 제77조제3항제2호 내지 제5호에 해당하는 지역 안에서의 용적률에 대한 기준은 제1항 및 제2항의 규정에 불구하고 200퍼센트 이하의 범위 안에서 대통령령이 정하는 기준에 따라 특별시·광역시·시 또는 군의 조례로

따로 정한다.

④ 건축물의 주위에 공원·광장·도로·하천 등의 공지가 있거나 이를 설치하는 경우에는 제1항의 규정에 불구하고 대통령령이 정하는 바에 따라 특별시·광역시·시 또 는 군의 조례로 용적률을 따로 정할 수 있다.

제79조(용도지역 미지정 또는 미세분지역에서의 행위제한 등)

① 도시지역·관리지역·농림지역 또는 자연환경보전지역으로 용도가 지정되지 아니한 지역에 대하여는 제76조 내지 제78조의 규정을 적용함에 있어서 자연환경보전지역에 관한 규정을 적용한다.

② 제36조의 규정에 의한 도시지역 또는 관리지역이 동조 제1항 각호 각목의 세부용도지역으로 지정되지 아니한 경우에는 제76조 내지 제78조의 규정을 적용함에 있어서 당해 용도지역이 도시지역인 경우에는 녹지지역중 대통령령이 정하는 지역에 관한 규정을 적용하고, 관리지역인 경우에는 보전관리지역에 관한 규정을 적용한다.

제80조(개발제한구역 안에서의 행위제한 등)

개발제한구역 안에서의 행위제한 그 밖에 개발제한구역의 관리에 관하여 필요한 사항은 따로 법률로 정한다.

제81조(시가화조정구역 안에서의 행위제한 등)

① 제39조의 규정에 의하여 지정된 시가화조정구역 안에서의 도시계획사업은 대통령령이 정하는 사업에 한하여 이를 시행할 수 있다.

② 시가화조정구역 안에서는 제56조 및 제76조의 규정에 불구하고 제1항의 규정에 의한 도시계획에 의하는 경우를 제외하고는 다음 각호의 1에 해당하는 행위에 한하여 특별시장·광역시장·시장 또는 군수의 허가를 받아 이를 할 수 있다.

1. 농업·임업 또는 어업용의 건축물 중 대통령령이 정하는 종류와 규모의 건축물 그 밖의 시설을 건축하는 행위
2. 마을공동시설, 공익시설·공공시설, 광공업 등 주민의 생활을 영위

하는 데 필요한 행위로서 대통령령이 정하는 행위

3. 입목의 벌채, 조림, 육림, 토석의 채취 그 밖에 대통령령이 정하는 경미한 행위

③ 특별시장·광역시장·시장 또는 군수는 제2항의 규정에 의한 허가를 하고자 하는 때에는 미리 제5항 각호의 허가에 관한 권한이 있는 자, 그 허가대상행위와 관련이 있는 공공시설의 관리자 또는 그 행위에 의하여 설치되는 공공시설을 관리하게 될 자와 협의하여야 한다.

④ 시가화조정구역 안에서 제2항의 규정에 의한 허가를 받지 아니하고 건축물의 건축, 토지의 형질변경 등의 행위를 하는 자에 관하여는 제60조제3항 및 제4항의 규정을 준용한다.

⑤ 제2항의 규정에 의한 허가가 있는 경우에는 다음 각호의 허가 또는 신고가 있는 것으로 본다.

1. 산지관리법 제14조·제15조의 규정에 의한 산지전용허가 및 산지전용신고

2. 산림법 제90조제1항의 규정에 의한 입목벌채 등의 허가·신고

⑥ 제2항의 규정에 의한 허가의 기준·신청절차 등에 관하여 필요한 사항은 대통령령으로 정한다.

제82조(수산자원보호구역 안에서의 행위제한 등)

① 제40조의 규정에 의하여 지정된 수산자원보호구역 안에서의 도시계획사업은 대통령령이 정하는 사업에 한하여 이를 시행할 수 있다.

② 수산자원보호구역 안에서는 제56조 및 제76조의 규정에 불구하고 제1항의 도시계획사업에 의하는 경우를 제외하고는 다음 각호의 1에 해당하는 행위에 한하여 특별시장·광역시장·시장 또는 군수의 허가를 받아 이를 할 수 있다.

1. 수산자원의 보호 또는 수산자원의 육성 등을 위하여 필요한 건축물 그 밖의 시설 중 대통령령이 정하는 종류와 규모의 건축물 그

밖의 시설을 건축하는 행위

2. 주민의 생활을 영위하는 데 필요한 건축물 그 밖의 시설을 설치하는 행위로서 대통령령이 정하는 행위

3. 산림법 또는 산지관리법에 의한 조림·육림·임도의 설치 그 밖에 대통령령이 정하는 경미한 행위

③ 수산자원보호구역 안에서 제2항의 규정에 의한 허가를 받지 아니하고 건축물의 건축, 토지의 형질변경 등의 행위를 하는 자에 대하여는 제60조제3항 및 제4항의 규정을 준용한다.

④ 제2항의 규정에 의한 허가의 기준·신청절차 등에 관하여 필요한 사항은 대통령령으로 정한다.

제83조(도시지역에서의 다른 법률의 적용배제)

도시지역에 대하여는 다음 각호의 법률의 규정을 적용하지 아니한다.

1. 도로법 제50조
2. 고속국도법 제8조
3. 농지법 제8조

다만, 녹지지역 안의 농지로서 도시계획시설사업에 필요하지 아니한 농지에 대하여는 그러하지 아니하다.

제84조(2 이상의 용도지역·용도지구·용도구역에 걸치는 토지에 대한 적용기준)

① 1필지의 토지가 2 이상의 용도지역·용도지구 또는 용도구역에 걸치는 경우 그 토지 중 용도지역·용도지구 또는 용도구역에 있는 부분의 규모가 대통령령으로 정하는 규모 이하인 토지부분에 대하여는 그 1필지의 토지 중 가장 넓은 면적이 속하는 용도지역·용도지구 또는 용도구역에 관한 규정을 적용한다. 다만 건축물이 미관지구 또는 고도지구에 걸쳐 있는 경우에는 그 건축물 및 토지의 전부에 대하여 미관지구 또는 고도지구안의 건축물 및 토지에 관한 규정을 적용한다.

② 하나의 건축물이 방화지구와 그 밖의 용도지역·용도지구 또는 용도구역에 걸쳐 있는 경우에는 제1항의 규정에 불구하고 그 전부에 대하여 방화지구 안의 건축물에 관한 규정을 적용한다. 다만, 그 건축물이 있는 방화지구와 그 밖의 용도지역·용도지구 또는 용도구역의 경계가 건축법 제40조제2항의 규정에 의한 방화벽으로 구획되는 경우 그 밖의 용도지역·용도지구 또는 용도구역에 있는 부분에 대하여는 그러하지 아니하다.

③ 1필지의 토지가 녹지지역과 그 밖의 용도지역·용도지구 또는 용도구역에 걸쳐 있는 경우에는 제1항의 규정에 불구하고 각각의 용도지역·용도지구 또는 용도구역의 건축물 및 토지에 관한 규정을 적용한다. 다만, 녹지지역의 건축물이 미관지구·고도지구 또는 방화지구에 걸쳐 있는 경우에는 제1항 단서 또는 제2항의 규정에 의한다.

제10장 토지거래의 허가 등

제117조(허가구역의 지정)

① 건설교통부장관은 국토의 이용 및 관리에 관한 계획의 원활한 수립 및 집행, 합리적 토지이용 등을 위하여 토지의 투기적인 거래가 성행하거나 지가가 급격히 상승하는 지역과 그러한 우려가 있는 지역으로서 대통령령이 정하는 지역에 대하여는 5년 이내의 기간을 정하여 제118조제1항의 규정에 의한 토지거래계약에 관한 허가구역(이하 "허가구역"이라 한다)으로 지정할 수 있다.

② 건설교통부장관이 제1항의 규정에 의하여 허가구역으로 지정하고자 하는 때에는 중앙도시계획위원회의 심의를 거쳐야 한다. 다만 지정기간이 만료되는 허가구역을 계속하여 다시 허가구역으로 지정하고자 하는 때에는 중앙도시계획위원회의 심의전에 미리 시·도지사 및 시장·군수 또는 구청장의 의견을 들어야 한다.

③ 건설교통부장관이 제1항의 규정에 의하여 허가구역으로 지정한 때에는 지체 없이 대통령령이 정하는 사항을 공고하고 그 공고내용을 시·도지사에게 통지하여야 한다.

④ 제3항의 규정에 의하여 통지를 받은 시·도지사는 지체 없이 그 공고내용을 그 허가구역을 관할하는 등기소의 장과 시장·군수 또는 구청장에게 통지하여야 하며, 그 통지를 받은 시장·군수 또는 구청장은 지체 없이 이를 7일 이상 공고하고, 그 공고내용을 15일간 일반이 열람할 수 있도록 하여야 한다.

⑤ 허가구역의 지정은 제3항의 규정에 의하여 허가구역의 지정을 공고한 날부터 5일 후에 그 효력이 발생한다.

⑥ 건설교통부장관은 허가구역의 지정사유가 없어졌다고 인정되거나 관계 시·도지사, 시장·군수 또는 구청장으로부터의 허가구역의 지정해제 또는 축소요청이 이유 있다고 인정되는 때에는 지체 없이 허가구역의 지정을 해제하거나 지정된 허가구역의 일부를 축소하여야 한다.

⑦ 제2항 본문, 제3항 및 제4항의 규정은 제6항의 규정에 의한 해제 또는 축소의 경우에 이를 준용한다.

제118조(토지거래계약에 관한 허가)

① 허가구역 안에 있는 토지에 관한 소유권·지상권(소유권·지상권의 취득을 목적으로 하는 권리를 포함한다)을 이전 또는 설정(대가를 받고 이전 또는 설정하는 경우에 한한다)하는 계약(예약을 포함한다. 이하 "토지거래계약"이라 한다)을 체결하고자 하는 당사자는 공동으로 대통령령이 정하는 바에 따라 시장·군수 또는 구청장의 허가를 받아야 한다. 허가받은 사항을 변경하고자 하는 때에도 또한 같다.

② 경제 및 지가의 동향과 거래단위면적 등을 종합적으로 고려하여 대통령령이 정하는 용도별 면적 이하의 토지에 대한 토지거래계약에 관하여는 제1항의 규정에 의한 허가를 요하지 아니한다.

③ 제1항의 규정에 의한 허가를 받고자 하는 자는 그 허가신청서에 계약내용과 그 토지의 이용계획 등을 기재하여 시장·군수 또는 구청장에게 제출하여야 한다. 이 경우 토지이용계획 등에 포함되어야 할 사항은 건설교통부령으로 정한다.

④ 시장·군수 또는 구청장은 제3항의 규정에 의한 허가신청서를 받은 때에는 그 허가신청서를 받은 날부터 15일 이내에 허가 또는 불허가의 처분을 하고, 그 신청인에게 허가증을 교부하거나 불허가처분사유를 서면으로 통지하여야 한다. 다만, 제122조의 규정에 의하여 선매협의절차가 진행중인 때에는 위의 기간 이내에 그 사실을 신청인에게 통지하여야 한다.

⑤ 제4항의 규정에 의한 기간 이내에 허가증의 교부 또는 불허가처분사유의 통지가 없거나 선매협의사실의 통지가 없는 때에는 당해 기간이 만료한 날의 다음 날에 제1항의 규정에 의한 허가가 있는 것으로 본다. 이 경우 시장·군수 또는 구청장은 지체 없이 신청인에게 허가증을 교부하여야 한다.

⑥ 제1항의 규정에 의한 허가를 받지 아니하고 체결한 토지거래계약은 그 효력을 발생하지 아니한다.

⑦ 제2항의 규정에 의한 토지의 면적 산정방법에 관하여 필요한 사항은 대통령령으로 정한다.

제119조(허가기준)

시장·군수 또는 구청장은 제118조의 규정에 의한 허가신청이 다음 각호의 1에 해당하는 경우에는 허가를 하여서는 아니 된다.

1. 토지거래계약을 체결하고자 하는 자의 토지이용 목적이 다음 각목의 1에 해당되지 아니하는 경우

   가. 자기의 거주용 주택용지로 이용하고자 하는 것인 경우

   나. 허가 구역을 포함한 지역의 주민을 위한 복지시설 또는 편익시설로서 관할 시장·군수 또는 구청장이 확인한 시설의 설치에 이용하고자 하는 것인 경우

다. 허가구역 안에 거주하는 농업인·임업인·어업인 또는 대통령령이 정하는 자가 당해 허가구역 안에서 농업·축산업·임업 또는 어업을 영위하기 위하여 필요한 것인 경우

라. 공익사업을 위한 토지 등의 취득 및 보상에 관한 법률 그 밖의 법률에 의하여 토지를 수용 또는 사용할 수 있는 사업을 시행하는 자가 그 사업을 시행하기 위하여 필요한 것인 경우

마. 허가구역을 포함한 지역의 건전한 발전을 위하여 필요하고 관계 법률의 규정에 의하여 지정된 지역·지구·구역 등의 지정목적에 적합하다고 인정되는 사업을 시행하는 자 또는 시행 하고자 하는 자가 그 사업에 이용하고자 하는 것인 경우

바. 허가구역의 지정당시 당해 구역 안에서 사업을 시행하고 있는 자가 그 사업에 이용하고자 하는 것인 경우 또는 그 자의 사업과 밀접한 관련이 있는 사업을 행하는 자가 그 사업에 이용하고자 하는 것인 경우

사. 허가구역 안에 거주하고 있는 자의 일상생활 및 통상적인 경제활동에 필요한 것 등으로서 대통령령이 정하는 용도에 이용하고자 하는 것인 경우

2. 토지거래계약을 체결하고자 하는 자의 토지이용목적이 다음 각목의 1에 해당되는 경우

가. 도시계획 그 밖에 토지의 이용 및 관리에 관한 계획에 적합하지 아니한 경우

나. 생태계 보전 및 주민의 건전한 생활환경 보호에 중대한 위해를 초래할 우려가 있는 경우

3. 그 면적이 그 토지의 이용목적으로 보아 적합하지 아니하다고 인정되는 경우

■ 국토국토토지이용계획 확인서

<table>
<tr><td colspan="7"><u>토지이용계획 확인(신청)서</u>
※ 굵은 선 안에만 기재하시기 바랍니다.</td><td></td></tr>
<tr><td colspan="2">신청인</td><td>성 명</td><td></td><td>주 소</td><td colspan="3"></td></tr>
<tr><td colspan="2" rowspan="3">대상자</td><td colspan="3">토지소재지</td><td rowspan="2">지 번</td><td rowspan="2">지 목</td><td rowspan="2">지 적(m^2)</td></tr>
<tr><td>시</td><td>읍·면</td><td>리·동</td></tr>
<tr><td></td><td></td><td></td><td></td><td></td><td></td></tr>
<tr><td rowspan="20">확
인
내
용</td><td rowspan="3">1</td><td rowspan="3">국토
이용</td><td>용도지역</td><td colspan="4">(도시·준도시·농림·준농림·자연환경보전)지역</td></tr>
<tr><td>용도지구</td><td colspan="4"></td></tr>
<tr><td colspan="2">계발계획등의 수립여부</td><td colspan="3"></td></tr>
<tr><td rowspan="6">2</td><td rowspan="6">도시
계획</td><td>용도지역</td><td colspan="4">(전용·일반·준) 주거지역(중심·일반·근린·유통) 상업지역
(전용·일반·준) 공업지역(보전·생산·자연) 녹지지역</td></tr>
<tr><td>용도지구</td><td colspan="4">풍치·미관(1, 2, 3, 4, 5종)·아파트
고도(M이상, 이하 또는 층 이상, 이하) 기타(　　)</td></tr>
<tr><td>도시계획시설</td><td colspan="4">도로(저촉·접합)·공원·기타(　　　　)</td></tr>
<tr><td>도시개발사업</td><td colspan="4">토지구획정리·일단의(주택지·공업용지)조성·재개발·시가지조성</td></tr>
<tr><td>구　　역</td><td colspan="4">개발제한구역(안·저촉)·상세계획구역(자세한사항 별도확인)</td></tr>
<tr><td>도시계획
입안사항</td><td colspan="4">도시개발사업, 택지개발사업, 도시계획 미수립 등</td></tr>
<tr><td>3</td><td>군사
시설</td><td>·군사시설보호구역</td><td colspan="2">·해군기지구역
·군용항공기지구역</td><td>해당 없음</td></tr>
<tr><td>4</td><td>농　지</td><td>·농업진흥</td><td colspan="2">·농업보호구역</td><td>해당 없음</td></tr>
<tr><td>5</td><td>산　림</td><td>·생산보전임지</td><td colspan="2">·공익보전임지</td><td>해당 없음</td></tr>
<tr><td>6</td><td>자연
공원</td><td>·공원구역</td><td colspan="2">·공원보호구역</td><td>해당 없음</td></tr>
<tr><td>7</td><td>수　도</td><td>·상수원보호구역</td><td colspan="2">·수질보전특별대책지역</td><td>해당 없음</td></tr>
<tr><td>8</td><td>문화재</td><td>·문화재</td><td colspan="2">·문화재보호구역</td><td>해당 없음</td></tr>
<tr><td>9</td><td>토지
거래</td><td>·허가구역</td><td colspan="2">·신고구역</td><td>해당 없음</td></tr>
<tr><td colspan="2">기　타</td><td colspan="4"></td></tr>
<tr><td colspan="7">귀하의 신청에 대해 현재의 토지이용계획 사항을 위와 같이 확인합니다.
년　　월　　일</td><td></td></tr>
</table>

5. 전원주택의 타당성 분석

5.1. 타당성 분석의 개념 및 목적

전원주택의 시행자는 토지 및 자본을 투자하여 거주성 및 일정 수익을 얻기 위한 최소한의 목적을 갖는다. 그러나 시행자는 기획에 반영되어야 할 제 조건, 계획적 제 조건, 설계조건, 부지조건, 법적 조건, 다양한 주변 환경요인으로 인해 전원주택 개발의 적정한 타당성을 예측하기가 힘들다.

이러한 개발 프로젝트는 사업 초기에 얼마나 정확히 프로젝트의 적정성을 분석하고 예측할 수 있는가에 그 성공이 달려 있다. 이에 따라 전원주택 개발의 사업성 분석에 동원되어야 할 요인들을 열거하고 이들의 상호관계를 규명하여 체계적이고 효율적인 업무 프로세스를 구축할 필요가 있다.

전원주택 개발의 타당성 분석은 사업 초기단계에서 사업의 미래에 대한 예측을 제공하는 것이다. 전원주택 개발은 사업특성상 소요되는 일정 사업비가 투입되고 시설물에 대한 투자 판단이 잘못될 경우 사업주에게 손실을 주게 되며 이에 따른 사업변경도 그렇게 손쉽게 이루어지지 않게 된다.

따라서 사업시행 전 사업의 전반적인 경제성, 시행용이성 등에 대한 검토가 이루어져야 한다.

5.2. 타당성 분석과정

사업 타당성 분석은 사업수행의 성과에 지대한 영향을 주는 설계 이전단계에서 수행되는 업무이다. 타당성 분석과정은 사업의 크기, 형태에 따라 달라지지만 일반적으로 기획, 평가, 결정의 과정을 이룬다. 이를 좀 더 세분화하면 목표설정, 사업개념 설정, 규모산정, 기획, 설계, 문제제기 시 대안설계 등의 과정을 거친다.

전원주택 건축의 기획단계에서의 사업 타당성 분석과정을 프로세스화하면 업무흐름의 명확한 표현이 가능하게 되고 수행되어야 할 활동들의 상호 연관성을 효과적으로 구축함으로써 업무추진을 능률적으로 할 수 있다.

전원주택 개발사업은 투자되는 사업비와 사업기간 등을 적정화하기 위한 체계적이고 객관적인 사업 타당성 분석이 필요하다.

5.2.1. 사업 개발환경분석

개발환경분석은 사업부지가 갖고 있는 물리적 환경특성과 법규적인 제한사항을 조사・분석한다. 물리적 환경분석에서는 사업부지의 특성과 도시기반시설의 설치현황 및 향후 설치계획을 조사한다.

법규분석에서는 법규적인 제한사항과 정부정책 및 사업승인권자의 제한사항 등을 조사하여 개발 기본계획단계에서의 개발용량을 분석하는 자료로 이용한다. 이때 부지에 대한 소유 및 권리관계도 확인하도록 한다.

5.2.2. 사업계획분석

사업계획분석은 투자의 규모, 사업시기의 적정성 등을 분석목적으로 하는데 주로 다음과 같은 항목에 대하여 조사・분석한다.

① 투자비분석

계획된 투자비는 어느 정도의 수준으로 할 것인가에 대하여 조사・분석한다.

② 지역입지분석

지역입지분석에는 지역적 특성, 지역 선호도, 지역 성장성 등을 조사・분석한다.

③ 교통여건분석

교통여건분석에서는 철도역 접근성, 도심 접근성, 주변도로 연계성, 진입도로여건, 버스노선 등을 조사・분석한다.

④ 편익시설분석

편익시설분석은 관공서, 판매시설, 의료시설, 금융기관 등을 조사・분석한다.

⑤ 교육여건분석

교육여건분석은 초등학교, 중학교, 고등학교, 유치원, 학원 등의 교육여건을 조사・분석한다.

⑥ 시공사 조사

향후 설계자가 완성되고 허가를 획득한 후 건축공사를 원활히 수행할 수 있는 건설사를 조사하도록 한다.

5.2.3. 개발기본계획 수립

개발기본계획 수립은 건축기본계획, 공사기간 산정, 사업기간 산정 등이 필요하다.

건축기본계획에 있어서는 개발환경을 토대로 일반적으로 관련법규에서 규정하고 있는 건폐율, 용적률, 층수 등을 결정한다. 공사기간 산정은 공사의 규모와 공사의 특성에 따라 변화된다. 사업기간 산정은 투자비가 소요되는 사업기간의 산정을 의미한다. 사업기간 산정 요소로는 기획, 설계, 사업승인, 공사, 준공준비 등이 있다.

5.2.4. 사업비 산정

사업비는 투입되는 투자비를 의미한다. 사업비 주요항목으로는 부지매입비, 공사비, 설계용역비, 교통영향평가 및 지구단위계획 용역비, 제세공과금, 기타 경비 등이 있다.

제 3 장 전원주택 건축 프로세스

제 3 장 전원주택 건축 프로세스

1. 전원주택의 건축

전원주택 건축 프로세스는 프로젝트에 대한 경제성 검토에서부터 예산의 확정, 설계의 조정, 시공사의 선정 및 시공관리, 유지관리에 이르기까지의 전 과정을 풍부한 지식과 경험을 토대로 성공적으로 진행시키는 과정이 필요하다.

이러한 전체 과정은 계획, 설계, 입찰, 공사, 입주 후 유지관리 등의 시행과정으로 분류한다. 예를 들어, 공사는 직간접적으로 계획, 설계 등과 관련되어 제 요인의 영향을 받으므로 전적으로 공사에서만 생산관리가 가능한 것이 아니다. 따라서 공사에서의 관리는 품질, 시간, 비용 등의 평가에 의해 계획, 설계에서 조정이 요구되는 요소들이 있다.

이와 같이 공사 시 나타나는 관리요인들이 단순히 공사에만 국한되어 작용이 이루어지는 것이 아니므로 공사단계에서 발생되는 작용현상을 파악하여 전원주택 계획 시, 설계 시 관리요인 반영이 되도록 한다. 이를 위하여 공사 시 발생되는 관리요소와 이의 제 현상을 규명하여 공사 시 관리 가능한 것, 계획 및 설계 시 반영을 요하는 것 등으로 구분한다.

조절방법의 제시를 위하여 관리요소의 위계, 관련비중, 관련영향도, 복합 작용성 등의 프로세스를 정립하여 관리요소의 체계를 구축한다. 이러한 관리체계에 의하여 관리요인 조절방법 및 절차가 마련된다. 전원주택 건축 제 단계별 관리요인을 상호보완적인 관리요인으로 규명하고 이의 상관성을 전원주택 건축 제 단계별 관리요소의 통합으로 나타낼 수 있다.

전원주택 기획단계에서 건축주가 용도, 예산 등을 제시하고 설계자는 시설의 규모, 형태 등을 결정하여 도면과 시방서를 완성한다. 이후 설계자는 개략적으로 도면과 시방서를 근거로 전체 공사비 예산범위가 건축주가 제시한 예산범위에 적합한지 검토하고 초기 예산서를 작성한다. 이를 바탕으로 건축주는 전원주택을 시공할 시공자를 선정하게 되는데 이를 발주라고 한다. 선정된 시공자는 도면과 시방서에 의해 적절한 비용, 자재, 공법 등에 의한 비용, 공기 품질의 수준을 선정하고 계약을 체결하게 된다. 시공자는 계약조건에 따라 목표하는 전원주택 건축을 위해 노무, 장비, 자재 등을 투입한다. 이때, 감리자는 설계 및 시방서의 내용대로 공사가 진행되는지 일정에 의거 건축주의 입장에서 점검하게 된다.

여기서, 건설과정에 참여하게 되는 참여자는 건축주(발주자), 설계자, 감리자, 시공자, 구조기술사, 설비·전기기술자 등 외에 최근 이를 총합화하는 역할을 갖게 되는 CM이 있다.

참여자들의 기술과 능력, 행동, 작업 등은 건축주의 요구조건에 충실하여야 한다. 그러나 상호 담당하는 업무의 특성상 작업의 동기가 일치하기가 어렵다. 한편, 참여자마다 가치체계, 사고방식, 경험 등이

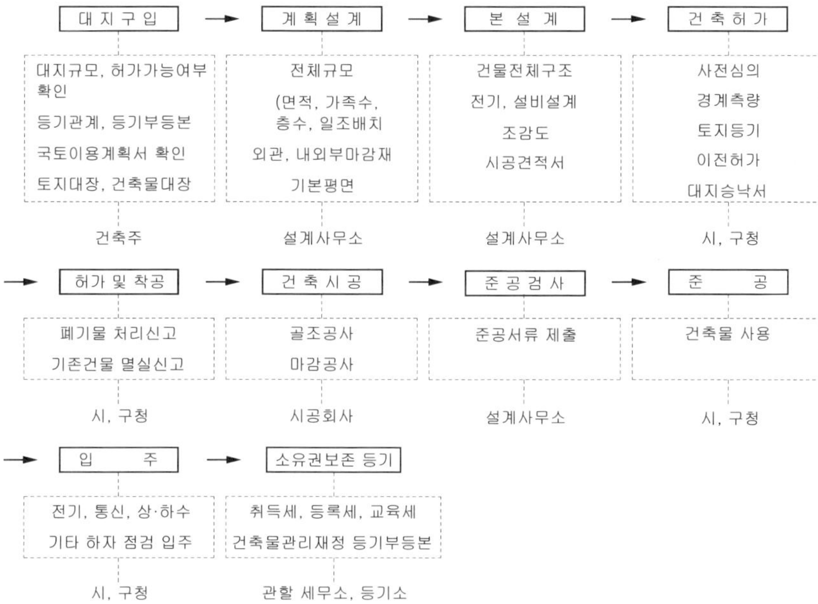

<그림 3-1> 건축 프로세스 전 단계

다르기 때문에 작업동기를 일치시키는 것은 쉬운 일이 아니다. 즉, 설계자는 건물의 형태 · 기능 · 미등에, 시공자는 수익성의 극대화에, 사용자는 건물의 운용성능 등에 관심과 목표가 있다.

이와 같이 갈등과 분쟁의 소지를 원천적으로 갖고 건축행위가 시작되게 된다. 이의 원만한 진행을 위해서는 각 참여자의 이해관계가 균형을 이루도록 가치조정을 할 필요가 있다. 이러한 균형이 이루어지지 않으면 참여자 중 일부집단이 희생되거나 일부집단의 동기성취가 극대화되기 때문이다.

따라서 전원주택 건축은 단순히 계획, 설계, 시공, 유지관리의 산물이 아니라 이러한 생산 프로세스에 참여하는 참여자의 능력, 가치,

동기, 행동, 주관, 판단 등에 의해 이루어지는 생산과정인 것이다. 이러한 무형적 요소들은 건물의 성능에 결정적 영향을 미치기 때문에 단순히 전원주택 건축과정으로서만 생각하면 안 된다.

2. 전원주택 건축과정의 분석

전원주택 건축과정은 가능한 한 합리적이고 과학적이어야 한다. 그러나 현실적으로 생산과정에 참여하는 참여자의 동기와 조건과 역할은 100% 그렇지 못하다. 동기와 조건과 역할이 합리적이지 못하다거나 과학적이지 못한 것은 다음과 같은 항목을 통해서 그 예를 찾을 수 있다.

• 정보(Information)

첨단화, 복잡화, 전문화, 세분화되어가는 건축활동은 이와 관련된 모든 정보를 극대화하여 검증된 정보를 최적으로 사용하기란 불가능한 것이다. 따라서 부족하거나 부정확한 정보에 의존한 전원주택 건축이 진행될 여지가 많다.

• 시간(Time; Construction Period)

건축활동은 종종 제한된 시간 내에 설계와 시공을 끝내야 하는 상황과 여건하에 있다. 따라서 건축활동은 시간적 제약에 의해 최선과 최적의 해가 일차적으로 달성되기 어려운 조건을 가지고 있다. 이러한 제약에 의한 새로운 대안이 요구된다.

• 비용(Cost; Budget)

충분하지 못한 예산범위에서 요구되는 성능과 기능을 달성하여야 하는 제약을 갖게 된다. 이는 시간과도 상호 복합작용이 이루어져 궁극적으로 효용가치가 저하되는 가용정보를 활용하여야 하는 제약조건이 수반된다.

• 경험

시공자는 사용자재, 공법 등에 대하여 책임을 져야 한다. 이러한 법적 리스크를 최소화하기 위해 검증 평가된 자재, 공법 등을 선호하게 되며 신규자재, 공법 등은 회피하게 된다.

이에 따른 전원주택 건축 프로세스의 개선 등의 기회가 이따금 손실되게 된다.

• 설계자와 시공자

설계와 시공이 구분되어 담당역할자, 참여자가 별개의 조직으로 운영되는 현실에서 시공자는 설계에, 설계자는 시공에 참여하기 어렵기 때문에 경제성을 추구할 수 있는 종합적인 대안검토가 어렵다. 건축 프로세스에서 발생되는 문제요인은 궁극적으로 해결해 나가지 않으면 안 되는 문제요인들이다.

• 문제범위의 광범위성

전원주택 건축과정은 초기단계인 기획단계, 설계단계, 시공단계, 유지관리단계 등의 전 분야에 걸쳐 인력, 자재, 장비, 시간, 공법, 관리 등의 상호작용이 이루어지고 있다. 이러한 광범위한 영역에 걸친 생산요소들의 복합성은 어떠한 형태로 언제, 어떻게 나타날지 예측하기가 힘들다. 이러한 건축과정 고유 문제의 복합성을 얼마만큼 최소화시킬 수 있는가가 문제의 최소화로 귀결된다.

• 문제접근의 주관성

전원주택 건축에 참여하게 되는 참여자들의 다양함과 다양한 참여자들의 다양한 작업동기, 가치, 행동, 작업형태, 경험 등에 의해 문제해석 또한 주관적으로 접근하게 한다. 서로 다른 가치로 같은 문제를 다르게 인식하게 한다.

참여자 각자의 입장에 따라 동일한 문제가 각기 다른 참여자에게 중요한 문제가 되거나 사소한 문제가 되기도 한다.

• 문제의 계층구조 특성

한 가지 문제는 그 문제 자체로서 해결되는 것이 아니고 그 문제의 배후에 상위, 하위적 문제의 배열이 잠재하고 있다. 예를 들어, 화장실의 위치는 사용성, 기능, 동선, 설비시설 비용, 방수 등과 같은 계층구조적 문제 특성을 갖고 있다. 이의 최적 해결대안을 제시할 수 있는 객관적, 과학적 방법은 없다. 다만 문제의 계층구조를 파악하여 점진적인 문제해결 대안을 제시할 수밖에 없다.

건축과정은 기획에서 입찰, 시공, 유지관리까지 전 단계에 걸쳐 업무의 흐름이 대단히 복잡하다. 같은 종류의 프로젝트로 생산 프로세스별 참여자가 각기 다를 뿐 아니라 관련 설계도, 시방서, 관련규정이 다른 경우가 많아서 최종 건축물에 대한 책임소재를 판단하기 어려운 경우가 많다.

이와 같이 건축과정은 여러 가지 환경특성 때문에 작용요소들 중 어느 한 가지라도 부실하면 그 결과가 부실로 연결되게 된다. 따라서 전원주택 건축과정에 동원되는 모든 단계의 참여자와 구성요소들이 프로젝트의 품질을 유지하면서 공기와 공사비를 최소화하도록 하는 절차가 필요하다.

3. 전원주택 건축과정별 업무

3.1. 계획단계

전원주택 건축 초기단계로서 기본적 목표, 일정, 품질 등에 관한 사항을 결정한다. 프로젝트의 범위, 예산, 일정, 조건, 공사수행체계, 공사수행방법 등을 포함시킨 계획서가 작성되어야 한다. 이외에 다음과 같은 업무가 수행된다.

① 프로젝트 관리
- 계획단계 회의개최
- 프로젝트 수행절차서 작성

② 비용관리
- 공사비 예산
- 공사비 검토

③ 일정관리
- 전체일정표 작성
- 주요공정표(Milestone Schedule) 작성

④ 품질관리
- 품질관리목표설정
- 품질관리조직구성
- 품질관리계획수립

3.2. 설계단계

설계의 진행정도, 설계내용, 입찰준비 등이 이루어지는 단계로서 주요 업무 내용은 다음과 같다.

① 설계관리

- 설계도서 검토
- 인허가 업무진행
- 설계관련 회의진행

② 비용관리

- 공사비 내역서 작성
- 설계도서에 의한 견적서 작성

③ 일정관리

- 설계일정 관리
- 입찰일정 관리

④ VE 실시

- 시공성 검토
- 대안설계 실시

3.3. 입찰단계

① 입찰준비

- 입찰 및 계약절차준비
- PQ(Pre-Qualification)심사

② 계약체결

- 입찰심사
- 계약 및 착공지시
- 사전시공회의 개최

3.4. 시공단계

① 시공관리

- 시공자 회의
- 착공준비
- 기성관리
- 설계변경신청
- 자재관리
- 장비관리
- 노무관리
- 비용관리
- 안전관리
- 품질관리
- 클레임 신청 및 대책
- 공정관리
- 준공검사
- 준공도면 작성

3.5. 운영 및 유지관리단계

- 운영 및 유지관리 매뉴얼 관리
- 품질점검
- 최종허가 취득
- 하자보수관리

4. 건축과정별 특성과 역할

4.1. 건축 프로세스의 특성

4.1.1. 전문부문의 고기술 활용

• 프로젝트를 완성시키기 위해 각 부문의 전문가들이 서로 협동할 수 있도록 한다.

• 설계단계에서 설계자를 중심으로 각 전문분야별 전문가들, 예를 들면 실내디자이너, 조경전문가, 설비기술자, 전기기술자, 구조기술자, 토질전문가, 음향전문가 등을 선정하여 프로젝트에 관련된 모든 사항을 서로 논의한다.

• 각 전문부문은 해당기술을 프로젝트에 반영한다.

• 공사부문에 있어서는 협력업체들의 전문분야별로 구분되며 프로젝트의 특성에 적합한 협력업체를 선정한다.

• 협력업체는 공사부문에 해당 전문기술과 시공도 및 작업도를 작

성하여 작업에 임한다.

4.1.2. 표준화 작업시행

• 프로젝트를 진행시키는 동안 표준화가 이루어져 건축주, 디자이너, 시공자 등이 이러한 표준화 작업체계에 의해 작업이 진행되도록 한다.

• 각종 건축자재도 표준화 자재 카탈로그에 의하여 통일되도록 하여 자재의 선정에서 시공에 이르기까지 작업이 표준화되도록 한다.

4.1.3. 표준시방서의 준용

• 설계자가 제공하는 표준시방서를 사용하여 품질이 확보되도록 한다.

• 시공자, 기술자, 작업자 모두는 표준시방서를 준용하는 작업체계를 구축한다.

4.2. 건축 프로세스의 역할

4.2.1. 기획단계

① 기획단계 개념정립

건축 초기단계에서 정립할 사항으로서 다음과 같은 것들이 있다.

• 초기단계 비용 산정

• 공사 초기 일정계상

- 공법의 선정
- 자재선정
- 초기설계내용 검토 및 대안설계 검토

② 의사소통시스템 구축

- 설계검토 및 설계자문
- 설계검토 회의진행
- 설계범위의 확정
- 설계반영 관련 자료의 제출 및 승인
- 설계일정 확정
- 설계관리안 작성

4.2.2. 설계단계

① 설계계약 및 설계관리

- 설계조건의 설계반영
- 설계진행 관리
- 설계비 정산
- 시공성 검토
- VE 검토
- 시방서 검토

② 프로젝트 리스크(risk) 평가

- 리스크 할당 및 관리
- 재정 리스크 분산
- 기술적 리스크 관리

③ 입찰준비 및 입찰실시

- 계약 관련서류의 검토
- 입찰 관련정보의 정리 및 제공
- PQ(Pre-qualification) 심사
- 입찰서류 배포
- 입찰 전 콘퍼런스(Conference) 실시
- 개찰
- 계약서류 사전검토
- 착공서류 준비
- 입찰결과 분석(Cost Report)

④ 예산편성 및 시공계획

- 설계단계에서의 원가산정
- 시공예산의 편성
- 시공 공정계획서 작성
- 현금 흐름도 작성

4.2.3. 시공단계

- 시공 전 회의 개최
- 보험준비
- 발주자 및 시공자 의사전달 시스템 구축
- 시공회의 개최
- 시공계약
- 공사현황보고서 작성
- 설계도면의 기록유지

4.2.4. 유지관리단계

- 운영 및 유지관리 과정의 결정
- 건축비 정산
- 운영유지 소요부품 및 자재의 조달

4.3. 건축 프로세스 비중

정해진 시간과 예산 내에서 프로젝트를 완성시키기 위하여 불확실한 요인과 변수가 확정적인 요소들로 전환되도록 생산관리대상을 조정하여야 한다. 전문화, 분업화되면서 서로 상반관계에 있는 그룹과 요인들을 조화시키기 위하여 불확정적인 요인들을 규합하고 조절한다. 불확정적인 요인들은 다음과 같다.

- 재정적, 경영적 기반이 취약한 협력업체들의 난립
- 대부분의 프로젝트가 협력업체에 의해 시행되어야만 한다는 그 자체의 문제점
- 인플레이션
- 디자이너와 시공자의 자질문제

건축 프로세스의 관련요소, 즉 작업공종, 재료, 노무, 장비 등과 같은 공종과 비목에 관계되며 시간요소가 개입되었을 때 공사내용의 변경을 유발하는 원인을 규명할 필요가 있다. 공종에 있어서는 시방서를 기준으로 비목별 비중 변화에 의해 공종별 상관성이 달라진다. 요인변화는 공사예산 수립 시의 비중분포와 이의 공사수행 후 공종별

혹은 비목별 비중변화에 따른다. 이에 따른 요인영향 상관성 규명이 필요한 반면, 공종별 비중이 공사규모의 변화에 따라 달라지는 상관성을 파악할 필요가 있다.

5. 건축과정별 기능

전원주택의 건축은 궁극적으로 정해진 시간과 예산 내에서 프로젝트를 완성시키는 것이다. 이때 수반되는 리스크를 최소화시키는 기능이 필요하다. 또한, 리스크 관리 대상과 관련된 가격, 시장조건, 코스트 컨트롤 시스템 등에 대하여 충분한 사전지식이 필요하다. 이와 같은 과정에서 요구되는 주요 기능은 시공감독기능, 자재구매 및 관리기능, 공사관리 등이다.

프로젝트를 원활히 수행하기 위해서 설계계획, 설계 및 기술관리, 시스템 엔지니어링, 보조관리기술 등의 전문화가 요구된다. 이를 위한 전문기능을 요약하면 다음과 같다.

- 설계단계에서 건설공법의 반영
- 동원장비계획
- 자재의 원활한 공급
- 건축주가 제공하는 건축자재를 시공자 측에서 관리
- 인플레이션을 고려할 경우, 자재의 조기 구매가 유리한지 여부 체크
- 자재를 선구매할 경우 사용될 때까지의 대기기간 동안 소요되는

부대비용(저장비용 + 발생금융비용 + 관리비용)과 수요발생시점

- 품질보증(Quality Assurance —QA)

  시공 시 품질을 보장하기 위한 사전심사제도로서 설계, 자재구매, 자재변경 업무 등에서 시공성, 품질 등이 확보될 수 있는지 여부를 검토하는 업무

- 품질관리(Quality Control —QC)

  품질을 관리하는 검사원의 인수, 자질, 검사원의 선발, 관리 등을 하는 업무

- 안전계획업무

- 실험

  실험결과에 대한 승인여부는 물론, 실험실시계획 및 승인 등에 대한 사전지도, 실험장비 선정 등에 관한 업무

- 조직관리

  각 공종별 협력업체 담당업무의 경계영역에서 발생되기 쉬운 업무에 대한 조정, 공정의 우선순위 결정 등의 중재업무

프로젝트 전생애(PLC)는 계획단계, 설계단계, 공사단계, 유지단계 등의 제 단계로 분류된다. 계획 및 설계단계에서는 인간심미가치, 사회미적 가치, 시각적 가치, 환경적 가치, 프로젝트 계획, 운영, 자본유치 등을 고려해야 한다. 공사단계에서는 각 공종 및 비목과 관련된 요소들을 검토해야 한다. 공종은 자재의 변경, 공법의 변경, 공정관리의 효율화와 같은 작업개선에 의하여 영향을 받기도 하지만 건축물의 크기 및 형상변화와 같은 설계결정조건에 의해서도 영향을 받는다.

전원주택 건축비용에 대한 평가는 동일 대지에 공사규모를 변화시키거나 동일 대지조건에 공사규모를 고정시키고 형태변화를 시킴으

로써 비교하여 할 수 있다. 여기서 규모변화 요인은 연면적, 층수 등이며 형태변화는 건폐율, 층고, 외벽길이, 천장고, 사용재료 등이 있다. 이러한 비용 비교를 통하여 비용평가를 실시하여 경제적인 전원주택 건축을 시행할 수 있다.

일반적으로 동일 대지조건의 동일 건축규모에 있어서 지붕면적, 간막이 벽량, 외벽량, 복도면적 등을 비용평가 주요 대상으로 한다. 특정부위물량이 증가하면 다른 부위물량이 감소되는데 이에 따른 비용평가가 가능한 것이다.

건축공종비중을 변화시키는 요인은 자연환경적 인자, 사회경제적 인자 등과 같은 외적 요인과 기술력, 프로젝트 관리, 노무관리, 자재관리, 안전관리, 품질관리, 원가관리, 재무관리 등과 같은 내적 요인으로 크게 구별되는데 이 중 건축 증감에 차이를 발생시키는 요인은 주로 내적 요인이 된다. 공종별 공사비중을 공종에 대한 사용재료, 생산방법, 장비사용량, 공법, 작업시간 등으로 비중을 변경할 수 있다.

〈그림 3-2〉는 전원주택 건축 시 소요되는 비용인자들을 총합하는 체계도로서 설계단계, 시공단계, 각 단계별 공통 성능인자들의 비용을 합하면 총 건축비용이 된다. 〈그림 3-2〉에 보듯이 만일, 자재변경과 노무비개선 가능성이 큰 공종을 선정하여 자재변경 혹은 생산성을 개선시킨다면 총 건축비용이 작아지는 것을 의미한다. 이에 대한 프로세스를 그림으로 나타내면 〈그림 3-3〉과 같이 계획단계, 설계단계, 공사단계, 유지관리단계의 상호관련체계에 의한다.

기본적으로 건축 각 단계의 구분을 계획과 설계를 포함한 계획 및 설계단계, 이를 실현하는 시공단계, 공사완성에 의한 입주 후 운영 및 유지관리 단계로 건축 각 단계를 구분하여 해당 각 단계에서 비용조절이 이루어지면 건축비용의 최소화 혹은 최적화가 가능하다.

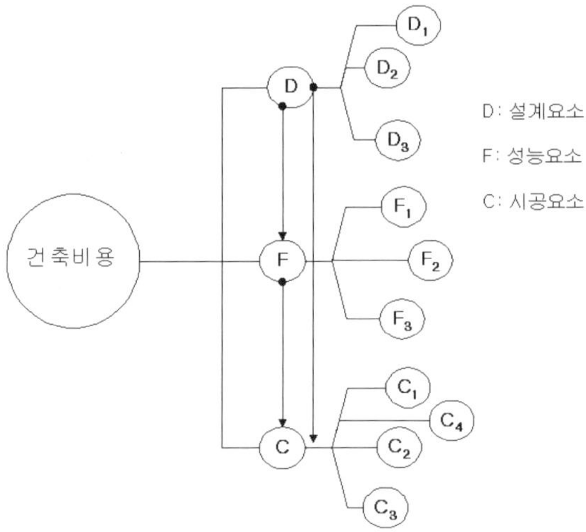

<그림 3-2> 건축비용체계

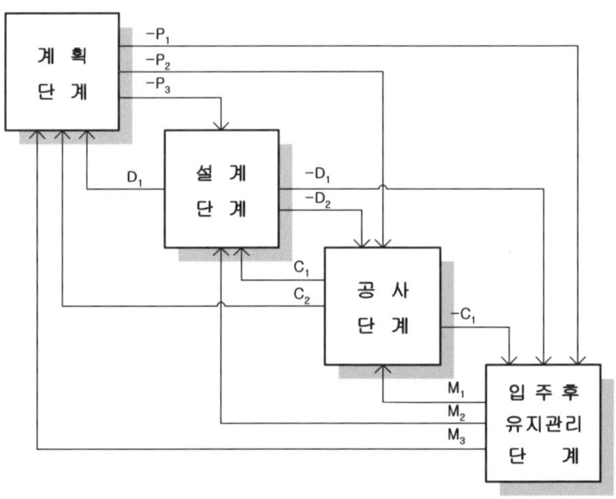

<그림 3-3> 건축 프로세스 제 단계

제 4 장 전원주택 건축계획 및 설계

1. 전원주택 건축계획
2. 건축계획을 위한 전원주거 환경인자의 파악
3. 전원주택 건축설계
4. 외국의 사례

제 4 장 전원주택 건축계획 및 설계

1. 전원주택 건축계획

전원주택 건축계획단계에서 여러 조건을 비교 검토하여 여러 가지 장점이 두드러지는 선택된 안이 제시되도록 한다. 이 단계는 구체적인 치수나 형태가 아직 나타나지 않는 단계이다.

건축공간은 생활상의 요구에 의해 형성된다. 생활에 대한 대응으로서 공간이 창출되는 것을 연출하는 건축계획은 생활에 대한 구체적인 구현 목표를 설정하여야 한다. 즉, 현실의 생활이 어떻게 이루어지는가를 자세히 관찰하여 그에 대응되는 건축공간을 창출한다. 이것은 단순히 생활현상을 규명하는 것이 아니고 생활이 공간의 특정요인에 의하여 어떻게 변화하는가, 공간의 차이가 어떻게 발생하는가 등을 규명하는 작업이기도 하다.

생활분석을 통하여 공간을 직접적으로 창출하기보다는 분석된 생활을 종합하여 종합적인 형태로 이미지를 구축하는 작업이 필요한데 이와 같은 과정에 의하면 새로운 생활공간의 구성이 가능하다. 즉, 생활의 종합적 형태가 궁극적으로 종합된 공간으로 창출되는 것이다.

생활과 공간의 대응을 관찰하는 경우, 이를 평면으로 표현할 수 있는데 사람의 움직임이 평면적인, 즉 수평적인 움직임으로 표현되는 것에 기인한 건축공간적인 표현이 가능하다. 그러나 사람의 움직임을 모두 평면적으로만 표현할 수는 없는데, 이는 평면에서 발생하는 생활심리의 작용 때문이다. 즉, 평면으로부터의 수직높이, 주변색깔, 빛의 상태, 마감재료의 상태, 공간높이 등이 이와 관련된다.

이를 표현한 것이 공간으로서 공간은 3차원이 되는 것이며, 여기에 시간이 개입되면 4차원이 된다. 이와 같은 공간을 모형으로 혹은 모델로 구성하여 공간의 느낌을 전달할 수 있는데 최근 컴퓨터 기법이 발달하여 컴퓨터 프로그램에 의한 시뮬레이션(simulation)으로 공간에 대한 느낌을 표현할 수 있다.

따라서 건축공간이 어떻게 만들어졌느냐가 생활을 규제하게 되는데 생활에 의해서 공간이 창출되기보다는 건축공간에 의해 생활패턴이 만들어지는 아이러니가 연출되는 것이다. 또한 공간에 의해 규제된 인간의 생각은 다시 행동을 규제할 뿐만 아니라, 인간의 사고방식과 느낌까지도 형성시킨다. 이를 달리 말하면 건축공간이 인간의 문화를 형성한다고 할 수 있다. 따라서 건축공간에 의한 새로운 생활습관을 유도하는 과정이 필요하다고 할 수 있다. 건축공간이 생활에 어떠한 규제를 제공하는가와 어떻게 바람직한 규제를 제공할 수 있도록 하는가 등이 중요한 관건이 되는 것이다. 이 문제를 해결하기 위해서 인간의 기본적인 생활패턴, 사고구조, 인식, 습관, 가치관 등을 통하여 생활을 어떻게 실현하여야 할 것인가에 대한 비중 있는 이념을 구축하여야 한다. 즉, 목표로 하는 생활상이 없으면 건축공간을 창출할 수 없는 것이다. 그러면 목표로 하는 생활상은 무엇을 근거로 형성할 것인가에 대하여 깊은 고민이 있어야 한다. 그것을 건축가 나름대로의 취미와 주관에 의하여 형성한다면 대단히 위험한 것이며, 오히려 사회 제 현상과 인간의 본질에 대한 깊은 이해를 바탕으로 객관적인 공간창출이 이루어지도록 하여야 한다. 즉, 인간의 생활과 인간의 의식에 대한 깊은 인식과 이해를 위한 조사가 이루어지고 이를 데이터화하는 활동이 필요하다.

무엇보다 현대 사회에 대한 깊은 이해, 현대 생활에 대한 정확한 인식, 역사적 발전에 대한 이해, 그에 대한 통찰을 필요로 한다. 이와 같은 종합적 자세 위에 비로소 생활에 의한 공간의 창출이 이루어진다. 건축공간이 영향을 받고 있는 요소 중에는 환경이라는 측면의 인자가 있다. 생활에 대한 욕구를 공간화하거나 심리적 욕구를 공간화하면서 외적인 요인, 즉 사회환경과 기술을 통한 공간개조가 복합적으로 진행되는 것이다. 건축공간을 진정한 의미에서의 생활과 대응되는 것으로 만들도록 하기 위하여 건축공간에 영향을 주고 있는 도시환경, 사회환경이 얼마나 인위적으로 건축공간에 안 좋은 영향을 주고 있는가에 대하여도 생각하여야 한다.

2. 건축계획을 위한 전원주거 환경인자의 파악

2.1. 전원주택 주거환경

환경은 생물체 주위의 자연, 문화, 사회, 지리 등의 모든 조건을 지칭한다. 인간에게 주어진 환경에 대하여 인간은 끊임없이 인간에게 적합하며 온화한 환경으로 바꾸어가려고 부단히 노력한다. 이러한 노력의 대상요소는 열, 빛, 음, 공기, 바람, 물, 습기 등과 같은 물리적 요소와 지역환경, 건물의 주변환경 등과 같은 상황을 지칭하는 공간적 환경이 있다. 물리적 환경은 실내의 온도, 습도, 공기의 청정도, 조도, 소음 등과 관계되며 이는 거주자의 정신적·심리적 상태에 영향을 미친다.

여기서 지역환경과 거주환경은 가장 쾌적한 조건을 만들 수 있도록 하여야 하는 연구의 대상이다. 지역환경과 거주환경의 대표적인 것으로서 교통이 불편하다든가, 비위생적이라든가, 혼잡하다든가 하는 것은 바람직한 주거환경이 되지 못한다.

2.2. 물리적 환경인자

2.2.1. 일조

일조는 태양이 비치는 조건과 시간을 나타낸다. 충분한 일조는 자외선의 살균·소독작용 등과 같은 주거환경의 위생을 지켜주고 인체에 심리적·정신적·육체적으로 유익한 작용을 한다. 햇빛은 사람의 심리적 정신을 건강하게 하며 육체적으로도 신진대사를 활발하게 하는 기능이 있다.

이와 같은 일조를 주거환경에 유리하게 인입시키기 위하여 일조의 충분성, 직사광선의 차단, 겨울철의 일조량 등을 고려하여야 한다. 일조에 대한 주거환경은 여름에는 가급적 직사광이 차단되도록 하고 추운 겨울에는 충분한 일조량이 인입되도록 할 필요가 있다. 주거공간의 거실채광은 최소 창면적의 1/10 이상은 되도록 한다. 창의 형태는 폭이 넓고 높이가 낮은 것보다 폭이 좁고 높이가 긴 창이 채광에 유리하다.

2.2.2. 환기

사람이 기거하는 실내공간의 공기는 사람의 활동에 의해 실내공기가 오염되게 된다. 오염된 공기를 외기의 신선한 공기와 교환하거나 인공적인 신선한 공기와 교환되도록 하여야 한다. 이를 환기라 하며 전원주거에서의 환기는 인공환기보다 자연환기에 의한 것을 기본으로 하는 것이 바람직하다.

환기의 형태는 실외의 바람이 실내로 인입하는 통풍과 실내공기를 외창을 통하여 교류되도록 하는 환기로 구분할 수 있다. 따라서 외창은 채광을 위한 조건뿐 아니라 환기를 위한 조건도 만족되어야 한다. 이를 위하여 창의 면적, 창의 형태도 중요하지만 창이 놓이는 위치, 즉 창이 놓이는 건축물의 형태도 중요하다. 따라서 건축물을 배치하고자 할 때 풍향분석을 통해 바람을 최대한 인입할 수 있는 형태로 고려해야 한다.

보통 환기방식은 자연환기를 위주로 하게 되므로 바람이 없는 날에는 2시간에 1회 정도의 환기횟수가 적정하다. 최근의 건축물들은 기밀성이 좋아서 침기량이 적으므로 실내공간의 신선한 공기를 적정하게 유지토록 환기전용 개구부를 설치하는 것도 바람직하다.

2.2.3. 단열

실내공간의 쾌적한 실내온도를 유지하기 위하여 가급적 외부온도로부터 영향을 적게 받을 수 있는 주거구조가 되어야 한다. 즉, 겨울

철에는 따뜻하고 여름철에는 시원한 실내환경이 되도록 하는 주거구조가 되어야 한다.

열은 고온 측에서 저온 측으로 이동하게 되는데 이를 차단하는 구조를 단열구조라 한다. 단열구조를 만들어야 할 건축구조부위로서는 외벽체, 천정, 지붕, 바닥 등이 대표적인 부위라 할 수 있다.

사람이 안락한 감각으로 부담 없이 생활이 가능한 온열환경 상태와 범위를 설정하는 과제는 재실자의 쾌적조건을 통계적으로 정리함으로써 가능하다. 온열환경에 대한 만족을 표시하는 심리적 상태로 생리학자들이 주장하는 생리적 쾌적감과 물리학적 온열감의 이중적 개념이 대입되는 것이 온열환경이다. 한편, 인체를 대상으로 하는 온열환경평가는 단순한 기상적 온열환경평가와는 달리 온열환경을 평가하는 수많은 방법이 제안되고 있다. 사람의 몸은 3가지 기본적인 기계적 작용에 의하여 쾌적감을 유지하고 있다. 그 3가지 기계적 작용이란 열의 대류, 전도, 복사를 지칭한다. 전도는 물체와의 직접적인 접촉으로 이루어지며 금속과 같이 전도성이 좋은 것과의 접촉이 일어날수록 그 발생효과가 좋으나 사람의 냉열감을 직접 조성하지는 않는다.

대류는 인체에 직접 열전달을 하며 복사는 중간의 매개물과 거리에 관계없이 열전달을 한다. 상기의 3가지 기계적 작용은 기온, 온도, 풍속, MRT, 활동량, 착의량 등에 의하여 상당한 영향을 받는다. 상기의 온열환경에 대한 만족, 불만족의 정도를 척도로써 나타낼 수 있다면 매우 유용하다 할 수 있지만 온열환경에 대한 반응은 인종, 성별, 연령, 기후순화 정도 등의 요인에 따라 반응정도가 다르므로 외적인 환경요소의 조합만으로 일반적인 쾌적상태를 결정하기는 힘들다. 예를 들어, 같은 습도나 풍속의 조건이라도 발한정도가 다르면 현저한 차이가 생긴다. 즉, 같은 반응척도를 갖는 환경요소의 조합은

당연히 같은 반응의 세기를 일으켜야 하는 것이지만 사람에 따라 다른 인체조건으로 말미암아 쾌적감이 달라지는 것이다.

그러나 비록 한정된 범위라 할지라도 온열환경을 단일지표로 나타낼 수 있다면 온열환경의 쾌적여부를 판단하는 데 크게 도움이 될 수 있다. 이에 따라, 다음과 같은 지표들이 중요한 의미를 갖게 된다.

(1) 온도

음식물을 섭취함으로써 인체는 에너지를 생산하여 수면, 휴식, 운동 등의 다방면에 걸친 제반활동을 가능하게 한다. 일반적으로 사람은 평상시 한 시간에 약 100kcal 정도의 열량을 방출한다. 이 열에너지는 발한, 전도, 대류, 복사 등에 의해 끊임없이 방출되지만 인체의 열량 소모는 적절한 균형을 유지한다.

사람의 활동량, 착의량에 따라 동일 온도라 할지라도 쾌적온도가 달라지는데 대체로 25℃ 정도가 주거 온열환경범위로서 적합하다.

(2) 바람

바람의 발생요인은 여러 가지가 있는데, 느슨히 닫힌 창, 냉각된 벽체, 창문 표면으로부터의 대류발생 등이 있다. 쾌적한 환경을 조성할 수 있는 풍속의 범위는 0.075−0.0125m/sec 정도이다. 냄새 등이 오래 배어 있을 경우에 풍속이 상기 범위에 미치지 못하면 불만족스런 환경이 조성된다. 또한, 온도가 상승되면 이에 따른 풍속도 증가되어야 한다. 따라서 특정한 온도하에서는 고속의 기류가 발생되어야 하므로 쾌적환경으로서 적당치 못하다.

상기의 쾌적 풍속의 범위는 앉아서 활동하는 조건일 때이며 활동량이 많을 때는 풍속 0.08m/sec가 적절하다.

(3) 습도

습도와 온열환경의 쾌적감의 관계는 대체로 다음과 같다. 첫째, 쾌적감은 습도와 거의 무관하다. 예를 들면 광범위한 습도의 변화폭에도 불구하고 이에 따른 온도변화는 최고 4℃ 정도이다. 둘째, 온도변화가 거의 없는 상태라면 습도가 15%－85%인 범위 내에서 쾌적함이 유지된다.

(4) 쾌적범위

환경으로부터의 열방사와 열량이 평형이 되는 중립점 범위에서 인체로부터의 에너지 소모가 최소이고 체온조절 반응도 필요하지 않으므로 가장 쾌적한 상태라 할 수 있다. 그러나 일반적으로 생활활동이 정좌 시에 볼 수 있는 이러한 중립상태로서 이루어지지 않고 항상 인체는 조절작용이 이루어지게 되며 이에 따라 쾌적범위가 달라진다. 대체로 쾌적범위는 상대습도 50%, 풍속 0.035m/s, 앉아서 활동하는 수준, 착의량 1.0clo를 조건으로 한다.

2.2.4. 물리적 환경인자의 비용평가

(1) 실용적과 경제성

천정고를 일정하게 하고 실의 용적을 크게 하면 외표면적과 실용적의 비율은 작아지므로 열손실량은 적어진다. 즉, 실용적은 증가하지만 외표면적은 상대적으로 그 비율이 작아 열손실이나 열획득이 적어 경제적으로 유리하다.

(2) 단열과 경제성

건물단열에 의한 연료절약비용이 공사비용의 연차상각액보다 많다면 경제성이 있다. 따라서 합리적이고 효율적인 단열이 이루어져 연료절약비용으로서 초기단열공사 투자비용이 보상되면 경제적인 단열이 된다.

만일, 구조체가 단열되어 있지 않다면 일정량의 열이 구조체를 통하여 손실될 것이고 이것은 특정연료비용을 증가시킨다. 반대로 연속적인 단열구조체로서 열손실을 감소시키면 단열공사비는 증가된다. 따라서 매년 단열공사의 상각비용과 손실열량비용의 합이 최소인 점을 찾는다면 경제적으로 최적 단열치라 할 수 있다. 여기서 단열공사비란 재료비, 시공비, 난방기기 설비비 등이 포함된다.

3. 전원주택 건축설계

사회적 규제나 생활요구에 의해 건축공간이 창출되면서 이를 만족시키기 위한 기술적 수단이 제공되어야 할 필요성이 제기되고 있다. 만일 이를 만족시킬 수 있는 기술적 진보가 이루어지지 않는다면 사회적 규제나 생활 요구에 대한 적합한 건축공간의 창출은 제한될 수밖에 없다. 즉, 기술적 진보는 만족된 생활요구와 사회적 규제에 대한 상응된 요구를 끌어내 줄 수 있다.

생활과 대응되는 건축공간을 만들기 위하여 생활의 실제를 파악할 필요가 있다. 그러나 개별적인 실태파악은 이를 종합화하는 과정과 도출된 결론이 없다면 분할된 부분적인 생활요구와 생활인식일 가능성이 높다. 이는 종합화된 건축공간과 거리가 먼 부분적인 건축공간이 되는 것이다.

즉, 실태파악에 의한 생활에 대응되는 건축공간은 생활의 전체상을 조합하는 작업이 필요하다. 이 과정은 생활과 공간을 대응시키는 건축계획작업의 중심이 된다. 다음 단계로 생활에 의한 대응되는 공간의 구체화는 건축계획 과정의 중요한 절차가 된다.

3.1. 건축설계

3.1.1. 설계업무

(1) 설계업무의 내용

생활에 대응되는 공간의 창출을 계획과정에서 설문 및 관찰을 통하여 정형화하고 이를 다시 구체적으로 형태로 옮겨 목적에 부응하는 건축공간을 만들게 된다.

이를 위한 첫 단계로서 공간을 구체화하는 행위가 이루어지게 되는데 이를 설계라 한다. 즉, 건축계획의 구체적 단계로서 여러 가지 생활의 요구를 공간으로 구체화하도록 공간을 대응시키는 작업을 필요로 한다.

설계행위를 체계적으로 진행하기 위하여 건축에 대한 여러 요구를 분석하고 이것을 하나의 공간으로 구성하도록 순서를 정리할 필요가 있다. 일반적으로 설계행위는 기본설계, 실시설계의 두 단계로 구분되어 있고 설계자로서 설계의도대로 공사가 되고 있는지를 확인할 필요가 있다. 설계행위에 대한 단계를 체계적으로 정리하면 〈표 4-1〉과 같은 도표가 작성된다.

〈표 4-1〉 설계행위 단계의 세부내용

1. 조건정리-건축주로부터 명시되는 건축에 대한 요구	
· 구체적 조건의 정리	
-대상물건의 사실 정리	-건물기능 파악
-관련법규 체크	-예산의 확인
· 추상적 조건정리	
-목적파악	-건물성격 파악
· 조건종합	
2. 설계조건 설정	
-요구되는 희망사항을 생활에 대응되는 공간으로 전환	
· 구체적 자료의 수집	
-같은 유형의 건물 실태조사	
· 추상적 자료수집	
-이미지 발상	
· 추상적 자료분석	
· 구체적 자료분석	
· 설계조건 종합	
-테마설정	-건물기능 설정
-건물규모 설정	-건물구조 설정
3. 건축공간 모형설정	
· 동선분석	· 평면분석
· 규모분석	· 구조분석
· 설비분석	· 조형분석
4. 종합검토	
-상호 모순을 검토한다.	
· 평면계획	· 단면, 구조계획
· 조형, 입면계획	· 설비계획
5. 표현전달	
-도면작성을 의미한다.	
· 표현방법	· 설명서 작성
· 건축도면 작성	

설계업무는 공간과 공간이 어떠한 상관관계를 갖고 있느냐를 검토한다. 평면은 기능도와는 달리 단순히 단위공간이나 그들의 연결을 고려할 뿐만 아니라 종합적인 건축공간으로서 완성되어가는 건축공간의 형 자체를 중요시한다.

즉, 단순한 기능을 요구를 요구할 뿐만 아니라 심리적 측면과 생산적 측면이 문제가 되는 것이다. 설계 시에 최종적인 평면형의 해답을 얻기 위하여 건축공간의 어떠한 측면을 가치기준에 따라 고려하여야 한다. 건축의 경제성이 주제인 경우 당초 건축비용은 초기투자비용이 대두되지만 장기적인 경제성을 고려할 경우는 유지비라든가 러닝 코스트를 문제시하여 건축물 자체에 드는 비용을 계상하여야 한다.

(2) 인허가 업무

사업추진과정에서 토지가 확보되면 그 용도에 맞도록 사용할 수 있게 관청으로부터 인·허가를 받아야 한다. 이는 토지에 관련된 인·허가와 건축에 관련된 인·허가로 구분되는데 부지조성, 토지의 형질변경, 산림훼손, 농지전용 등의 허가와 국토이용관리법상의 용도지역 변경과 도시지역변경과 도시계획시설 결정 및 그 사항허가가 포함된다.

인허가용 토목설계단계에서 업자선정이 인·허가 업무의 성패를 좌우할 만큼 중요하므로 인·허가 토목설계업자는 신중히 선택하여야 한다. 계약금액에 대한 협상을 마친 후 업자로부터 동 금액에 대한 이행보증보험증권을 발급받아 제출하게 한 후 비로소 계약금을 지급하여야 한다.

3.1.2. 표준설계

주생활의 주요 문제는 주방식 문제와 주양식의 문제해결이 주안점이다. 부부와 자녀만으로 구성된 단순가족을 생각하면 자녀가 성장하여 감에 따라 방을 나누게 된다. 이를 침실의 분해라 지칭하는데 분해시기는 거주관습이나 생활에 관한 의식여하에 따라 달라지며 식사장소가 어딘지에 따라서도 취침의 형태는 큰 영향을 받게 된다.

주실에서는 취침, 작은방에서는 식사를 하는 평면에서는 실의 사용형태가 그대로 안정되어 버리기 때문에 침실의 분해가 방해되기 쉽다. 이와 반대로 주실에서 식사를 하기 쉬운 평면에서는 침실의 분해가 비교적 쉽게 실현되나 그 결과 식침분리는 희생되기 쉽다. 식침분리와 침실분해를 동시에 성립시킨다는 것은 2실주택에서는 불가능하고 주실을 필요로 하게 된다. 이와 같은 원리를 표준화하여 도면을 작성할 때 이를 표준설계라 한다.

3.2. 전원주택의 설계

3.2.1. 배치계획

대지는 일반적으로 동서로 긴 대지의 형태가 남쪽 면을 많이 접하게 되어 유리하다. 도로가 서쪽 혹은 서북쪽에 위치하면 주요 공간배치를 남쪽 혹은 남동쪽으로 배치할 수 있다. 도로가 남쪽에 있으면 진입 시 주택에 대한 밝은 분위기를 접할 수 있어 이미지 구축에는 좋지만 진입에 의한 남쪽 마당을 넓게 쓸 수 없는 단점이 있다. 도로가 동쪽에 있으면 동쪽 면의 채광 또는 통풍에 유리한 면을 다소 희생시킬 수 있다.

3.2.2. 설계원리

주거는 사회생활의 기본단위인 가족을 한 울타리에서 생활하게 할 수 있는 기본시설단위이다. 사람은 태어나서 가족 속에서 자라며 인격을 형성하고 사회규범을 배우고 사회성을 익히며 정신적 안정을 얻으며 사람과의 협력관계를 구축할 수 있게 되며 성숙된 인간으로서 자라게 된다. 이와 같이 가족은 인간의 인격과 인간성을 형성시키는 중요한 배경과 환경이 된다.

근래에 핵가족화되는 시대적 추세에 의해 할아버지, 할머니, 양친, 자녀의 관계가 흩어지고 분해되어 어린 자녀들은 할아버지, 할머니 같은 분의 따뜻하고 안정된 정서를 느낄 수 있는 기회가 없어지고 할아버지, 할머니와 같은 노인들은 반대로 어린 자녀들을 돌보면서 받을 수 있는 활달하고 동적이며 에너지 넘치는 생기를 공급받을 수 있는 상호보완적 기회가 없어지고 있다.

또한, 자녀들의 부모는 직업과 전문분야의 일에 종사하느라 자녀를 돌보거나 양육하는 문제에 대한 시간적 할애와 마음을 쓸 수 있는 기회가 부족한 형편이다. 이와 같은 상황은 날로 분주해져 가는 시대적 상황 속에서 어린 시절부터 인간미를 제공받으면서 성장하고 인간성을 충족시켜야 하는 기회의 결핍을 만들고 있다.

이와 같은 상황에서 시대가 아무리 분주하고 바쁘더라도 인간성 상실 혹은 결핍으로부터 벗어나기 위한 인간적 환경의 마련은 중요하다 할 수 있다. 이에 따라, 근래에 각박하고 밀집된 도시환경으로부터 다소 여유 있는 자연환경이 있는 주거시설의 욕구가 증대되는바 인간성을 배우고 안정된 정신환경을 제공하고 자연친화적인 환경을 마련할 수 있는 할아버지, 할머니, 양친, 자녀들이 함께 생활하며 삶을 누릴 수 있는 가족단위의 주거시설 마련이 필요하게 되었다. 이에 따른 시설이 제3세대 전원주택이라 하겠다.

주택이 가족단위의 기본적 요소라 한다면 가족의 구성원들에 맞는 공간이 필요하다. 자녀들의 양육, 육아 및 교육 등에 필요한 공간인 육아실, 어린이방, 공부방 등의 전용공간이 필요하고 할아버지, 할머니에게 제공되는 노인실의 전용공간도 필요하다.

3세대 가족형 주거는 우리 조상들에게는 일반적인 형태였으나 오늘날의 사회변화와 도시밀집화 주거시설로 인하여 이러한 3세대 주거문화는 급격히 줄어들었다.

노인에 있어서 주거는 젊은 세대들과는 다른 노인만의 특성에 의한 독특한 요구가 있는데 이의 충족이 노인주거에서는 매우 중요하다. 이것은 사회적 역할의 변화 및 생리기능의 저하와 심신기능 저하, 생활습관의 차이, 세대차, 사고방식의 차이 등에 의하여 이러한 독특한 요구가 발생한다.

대다수 노인들은 조금이라도 오랫동안 자기 자신의 일을 할 수 있기를 원하고 노년기에는 일상생활을 편안하고 오래도록 유지하기를 원하게 된다. 또한 다른 세대 및 친구와의 우호적 교류를 유지하며 이제까지 쌓아온 삶의 터전에서 계속해서 살기를 원한다. 이러한 욕구는 하나의 주택단위에서 모두 충족될 수 있는 것은 아니며 지역단위 주거환경, 사회적·문화적 지역시설, 복지시설, 의료보건시설 등 생활관련시설의 유무에 의해 많은 영향을 받게 된다. 근래에 생활양식 면에서 부부와 자녀관계는 친밀한 관계로 발전된 반면, 노부모와의 관계는 소홀하게 되어 노인들은 고독감, 소외감을 느끼며 생활하게 되었다.

따라서 최근 많은 노인들은 자녀들과의 정서적 대립, 고부갈등 등을 피하기 위해 자녀들로부터 독립하여 살기를 원한다. 한편, 사회적 여권지위 향상 속에서 주부들의 사회참여가 늘어나고 이에 따른 노인보호의 문제는 어려움을 더해가고 있다. 그러나 노년기에는 사회적 관계가 가족 중심이 되며 생활의 주된 공간이 주택이기 때문에 노인을 위한 주거공간의 확보와 이에 대한 설계는 매우 중요하다.

공동주생활공간은 가족의 여가를 이용할 수 있는 개인적·사회적 생활공간이 된다. 담화, 교제, 오락, 취미, 교양, 인간성 향상 등이 이곳에서 이루어진다. 이에 반해 부수공간은 화장실, 욕실, 복도, 현관 등이고 공동주생활공간을 지원하며 각 생활공간과 연결짓는 역할을 한다. 복도는 주로 동선의 기능만을 위하여 만들어진 공간이다. 따라서 복도는 각 실을 효율적으로 잘 연결하도록 계획되어야 한다. 복도의 면적이 너무 길고 넓게 만들어지면 불필요한 건축비를 증가시키게 된다. 그러나 복도의 면적이 지나치게 적으면 다른 방이 복도의 역할을 하게 되어 오히려 공간활용이 비효율적으로 되는 결과가 된다. 각 방이 융통성 있게 배치되도록 각각의 장소가 가정의 필요한 변화에 응할 수 있게 해야 한다.

또한 각 실 간의 연락이 용이하게 하여 불편을 주지 않도록 하여야 한다. 주부가 가사를 하면서 어린이를 돌볼 수 있도록 돌보는 보행거리를 짧게 한다.

거실과 식당은 거실의 크기를 넓히도록 설계한다. 2개 공간을 합치면 넓은 기분을 주며 필요에 따른 사용용도로 분할하여 쓸 수 있다. 별개로 떨어져 있는 식당은 다른 용도로 사용될 수 있다. 식탁을 접을 수 있으면 어린이들이 노는 장소, 음악실, 독서실, 노인실 등으로 사용할 수 있다. 또한, 야간에는 객실, 어린이나 자녀들이 거실을 사용하고 있으면 노인이나 양친을 위한 거실로 사용될 수 있다. 1층에 있는 서재는 객실 혹은 거실로 사용할 수 있다. 이러한 방은 가족 중 조용히 있고 싶을 때 이용하는 공간으로 설계해야 한다. 침실은 수면, 착의, 물품을 놓는 장소로 사용되고 개인의 거실, 독서, 취미활동에 사용되도록 설계한다.

주택구성을 기능에 따라 구별하면 개인생활의 침실군, 공동생활을 하는 거실 및 식당, 서비스기능과 가사노동을 위한 공간으로 구별하여 설계할 수 있다. 이 세 그룹은 각각의 기능이 다르며 그에 맞는 위치와 분위기로 설계하여야 한다.

또한, 침실은 조용한 위치가 되도록 하며 부엌은 낮에 사용하는 공간으로서 활동적이며 외부동선과 쉽게 연결될 수 있도록 설계한다. 침실이나 서재 등을 2층에 모으는 것도 구분계획의 한 방법이다. 다용도실, 욕실, 화장실 등을 집중시키면 급배수 설계가 용이해지고 주택의 유지관리가 용이한 설계가 된다.

어린이가 자라고, 초등학교에 입학하고, 육아 등의 가사노동이 이루어지는 시기나 어린이가 많은 경우, 개인들의 제 활동을 위하여 보다 많은 장소가 필요하다. 또한, 아이가 초등학교, 중학교, 고등학교에 다니는 시기에 있어서는 개인생활과 집단생활을 위한 장소가 필요하다.

한편, 타운하우스 형식의 전원주택은 단독전원주택과 다른 차이를 갖는다. 즉, 타운하우스는 합벽식 단독주택이며 2－3층의 단독주택을 연립하여 세워놓은 형태이다. 한 가구가 한 채를 전부 사용하기 때문에 독립생활이 보장되면서 이웃과는 구조적으로 경계벽을 공유하는 형태이다. 아파트와 같이 위아래의 세대 간 층간소음을 염려할 필요가 없다. 일반적으로 타운하우스는 단지 내 커뮤니티 시설을 갖추거나 확대하여 시설의 편의성을 강조한다. 시설의 범위로는 골프장, 수영장, 테니스장, 스파, 인터넷실, 학습실, 교육실, 회의실, 파티장 등을 갖추게 된다. 한 가구가 3개층을 사용할 경우 1층에 주차장 및 홈오피스, 2층에 침실, 3층엔 주방과 거실을 배치하는 새로운 평면을 구성하기도 한다. 야외정원도 거실의 연장선인 3층에 자리 잡게 된다.

향후, 주생활공간인 주방 및 거실의 중요성이 점점 커지는 추세이므로 이에 대응되는 평면개발이 요구된다. 가족들이 간단한 아침식사도 할 수 있는 침실 옆 모닝키칭도 이와 같은 요소의 하나이다.

부부침실은 옷장, 욕실, 샤워실, 화장대 등의 크기가 점점 커지거나 가족을 위한 공간은 증가하는 반면, 손님접대 공간은 축소되고 있는 추세이다. 한편, 땅값이 비싸지면서 타운하우스의 앞마당을 줄이면서 실내 내부공간을 넓히기도 한다. 이에 따라 주택형태도 길쭉한 직사각형 대신 정사각형 모양으로 설계하기도 한다.

3.2.3. 실내공간별 설계원리

전원주택 각 실내공간별 설계원리는 다음과 같다.

(1) 현관

현관의 위치는 도로와 밀접한 위치가 좋다. 현관으로 접근할 때 집의 첫인상이 느껴지는 곳이므로 잔디, 바위, 나무, 화초 등의 자연미가 있는 접근 분위기가 연출되는 것이 좋다.

(2) 거실

거실은 온 가족, 손님이 앉아서 담소를 하는 등의 활동을 하는 공간이다. 소파, 의자, 텔레비전, 오디오 등을 놓을 수 있는 벽면과 공간이 필요하다. 아늑한 분위기가 연출되도록 할 것이며 비용문제가 해결된다면 다양한 가구 등으로 변화를 주는 것도 좋다. 거실의 크기는 180m^{2}의 주택의 경우 20－25m^{2}가 적당하다.

거실은 뜰과 밀접한 관계가 있다. 외부의 자연공간이 내부 거실로 인입되도록 고려하는 설계가 필요하다. 어린이가 놀 수 있는 공간으로 이용될 수도 있다. 또한, 손님이 다소 많은 경우 손님접대가 이루어지는 공간도 된다.

(3) 주방 및 식당

조리대, 레인지, 싱크대 등의 부엌 작업대와 식사 전후의 부대작업을 할 수 있는 공간이 필요하다. 식탁의 배치와 크기에 맞는 공간배치가 필요하다. 환기시설, 작업대, 식기 취사용 도구 등과 함께 조명, 색채 등에 대한 고려가 필요하다. 주방의 크기는 5－12m^2 정도가 적당하다. 또한, 손님접대를 위한 충분한 여유공간이 필요하다.

(4) 침실

침실은 가급적 독립된 공간으로 확보되도록 한다. 침실은 갱의, 기거, 취침 등의 기능을 갖는 곳이므로 청소, 통풍, 일조에 유리한 설계가 되도록 한다. 침실은 휴식공간의 기능에 적합하도록 차분하고 안정된 분위기의 마감재료를 사용하도록 한다.

침실의 크기는 침구의 크기로 결정된다. 침대 크기를 1.8m로 할 때 여유공간을 더하면 길이 방향으로 2.7m가 필요하다. 필요한 가구의 배치공간, 실내 분위기를 위한 여유공간의 확보 등을 고려할 때 3인 기준 12m^2 정도는 필요하다. 가로×세로의 크기는 3m×4m 정도가 적당하다고 할 수 있다.

침실은 조용한 위치에 배치되도록 하고 통풍이 잘 되도록 하며 남향, 남동향, 동향이 이상적이다. 할 수 없는 경우에는 동북 방향으로 하되 북향이나 서향은 가급적 피하도록 한다. 또한, 의류 등의 수납 공간을 필요로 한다.

(5) 자녀들 방

어린이방은 가급적 부모의 침실 가까이나 거실 및 부엌에서도 쉽게 볼 수 있도록 하는 배치가 좋다. 문도 바깥에서 볼 수 있도록 하는 장지문 형태가 좋다. 책상, 책장, 옷장 등의 가구가 배치될 수 있는 15m^2 정도의 공간이면 적당하다.

유아시기에는 자기의 놀이터가 필요하다. 어린이방 앞에 직접 뜰로 통할 수 있는 마루 등이 필요하다. 테라스 옆에 모래밭 등의 놀이터 등을 마련할 필요가 있다. 고등학생 이상의 경우 독립적인 공간의 방을 마련하도록 하여야 하며 책상, 침대, 수납장 등의 부대시설이 배치될 수 있는 공간 크기여야 한다. 자녀들 방 각각에 의류 등의 수납공간을 필요로 한다. 공부하는 책상, 침대를 놓는 공간을 필요로 한다.

(6) 노인실

3세대 전원주택에서 고려해야 하는 노인실의 경우 노인실의 위치와 배치이다. 가급적 독립성을 유지하도록 배치하고 건강과 안전에 대한 배려, 가족 구성원과의 화합과 조화를 이룰 수 있는 배치가 필요하다.

노인실은 안전을 생각해서 가급적 2층에 배치해서는 안 된다. 또한, 공간의 크기는 하루종일 기거해도 불편하지 않도록 충분한 넓이가 확보되도록 한다. 노인실은 책장, 옷장 등의 붙박이장을 설치하고 여러 물품들을 수납, 보관하는 공간을 만들 필요가 있다.

노인을 위한 공간의 확보는 노인의 생활, 심리, 취향 등을 잘 파악하도록 하여야 하며 획일적인 배치나 연령적 · 사회적 · 경제적 조건을 고려해야 한다. 또한, 가정 내의 입장과 성격 등도 고려하여야 할 것이다.

일반적으로 노인은 고정관념이 강하며, 고독감이 강하고 번잡함을 싫어한다. 고정관념이 강하여 노인은 완고하다는 말을 듣게 되며 번잡함을 싫어하기 때문에 자녀들과 융화가 힘들고 젊은 층으로부터 경원되기가 쉬어 고독감이 강해질 수 있다. 이러한 조건을 반영하여 노인실을 고려하여 설계하도록 한다. 노인실은 화장실 및 욕실에 가깝게 배치하도록 한다. 욕실 내부바닥과 욕실에 접하는 통로는 미끄럽지 않은 재료를 사용하도록 한다.

조용히 지내기를 좋아하는 노인도 있지만 담화나 텔레비전을 즐기는 것을 좋아하는 노인도 많다. 이런 노인에게는 고립된 방보다는 거실과 연락이 잘 되는 위치의 방이 좋다. 노인과 외부와의 연결관계를 고려할 때 집안사람들에게 영향을 주지 않고 자유스럽게 출입할 수 있는 출입구가 필요하다. 거실을 경유하거나 하는 번거로움이 가급적 없도록 배치한다.

방 앞에는 테라스나 마루가 붙어 있어서 근처의 친구들이 쉽게 들러 같이 지낼 수 있도록 배치하면 좋을 것이다. 화초 가꾸기, 정원 가꾸기 등의 일과가 마련되도록 하면 좋을 것이다. 어린이방을 노인실 옆에 위치하도록 하면 어린이와 노인 모두에게 좋은 점이 많다.

(7) 다용도실

세탁기, 다용도 작업 등의 공간을 필요로 한다.

(8) 개인적 생활활동공간

독서, 음악감상, 그림 그리기, 공구 만들기 등등의 개인작업 공간을 필요로 한다.

(9) 손님방

서재 혹은 손님방을 별도로 만들 필요가 있다.

그 외에 각 실에 필요한 주거공간별 최소면적 산출기준은 〈표 4-2〉와 같다.

〈표 4-2〉 주거공간별 최소면적 산출기준

제안자	침 실	거 실	부 엌	식 당	욕실 및 화장실
최의자 (1974)	· 침대 1개를 배치: 5.1m² (1.56평) · 침대 2개를 배치: 8.79−9m² (2.64−2.73평) · 온돌방에서 1인 사용: 5.0−6.0m² (1.53−1.82평) · 온돌방에서 2인 사용: 7.2m² (2.18평)	· 5인용 소파와 탁자를 배치한 경우: 11.4−12.04m² (3.45−3.65평) · 2인용 소파와 탁자를 배치한 경우: 3.24m²(0.98평)	4.32−4.86m² (1.31−1.47평)	· 4−6인 사용하고 입식인 경우: 5.88m² (1.78평)	· 세면대와 좌변기만 있는 경우: 1.48m² (0.45평) · 욕조, 세면대, 좌변기가 있는 경우: 3.6m² (1.09평)
안영배 (1977)	· 1인 사용 시: 6.5m² (1.97평) · 2인 사용하는 주침실: 8.1−9.7m² (2.45−2.94평)	· 5인용 소파와 TV를 시청할 수 있게 한 면적: 11.0−16.5m² (3.33−5평)	4−4.5m² (1.21−1.36평) 다이닝 키친 6.5−7.3m² (1.97−2.21평)	n.a	· 욕조, 세면대, 좌변기가 있는 경우: 4.0m² (1.21평)
기획단	· 부부침실:	· 2−3인 사용	다이닝 키친		· 2−3인 사용

(1978)	9.5m² (2.88평) · 일반침실: 7m² (2.12평)	시: 9.0m² (2.73평) · 4−5인 사용 시: 10.8m² (3.27평) · 6−7인 사용 시: 13.0m² (3.94평)	2−3인 사용 시: 6.80m²(2.06평) 4−5인 사용 시: 6.93m²(2.10평) 6−7인 사용 시: 9.90m²(3.00평)		시: 2.52m² (0.76평) · 4−5인 사용 시: 2.7m² (0.82평) · 6−7인 사용 시: 4.3m² (1.30평)
윤장섭 (1978)	· 부부침실: 9.5m² (2.88평) · 일반침실: 7m² (2.12평)	· 2−3인 사용 시: 9.0m² (2.73평) · 4−5인 사용 시: 10.8m² (3.27평) · 6−7인 사용 시: 12.96m² (3.93평)	다이닝 키친 2−3인사용 시: 6.80m²(2.06평) 4−5인사용 시: 6.93m²(2.10평) 6−7인사용 시: 9.90m²(3.00평)		· 2−3인 사용 시: 2.52m² (0.76평) · 4−5인 사용 시: 2.7m² (0.82평) · 6−7인 사용 시: 4.3m² (1.30평)
주종원 (1978)	· 이불을 사용 시: 9m² (2.73평)	· 1−7인 사용 시: 12−22m² (3.64−6.96평)	· 1−7인 사용 시: 3.0−7.5m² (0.91−2.27평)	n.a	· 1−7인 사용 시: 2.0−4.0m² (0.61−1.21평)
	· 1인 사용 시: 6.5m² (1.97평) · 2인 사용 시: 8.1−9.7m² (2.48−2.94평)	· 4인 사용 시: 7.2−14.0m² (2.18−4.24평)	3.78−7.2m² (1.15−2.18평)	· 2인 사용 시: 2.88m² (0.89평) · 3인 사용 시: 4.32m² (1.31평) · 5인 사용 시: 5.86m² (1.75평) · 8인 사용 시: 8.1m² (2.45평)	· 욕조, 세면대, 좌변기가 있는 경우: 2.7m² (0.82평)
강수림 (1980)	· 이불을 사용하는 부부침실: 8.44m² (2.56평) · 1인용 침실 2개를 사용하는 부부침실:	· 5인용 소파와 탁자: 6.73−9.39m² (2.04−2.84)	2.84m²(0.86평)	· 입식으로 2인 사용 시: 2.28m² (0.69평) · 입식으로 4인 사용 시: 5.2m² (1.58평)	· 욕조, 세면대, 좌변기가 있는 경우: 2.04−3.4m² (0.62−1.03평)

	8.19－9.18m^2 (2.48－2.78평) · 1인 사용하는 부부 침실: 4.8－5.5m^2 (1.45－1.66평)				
건설부 (1981)	· 입식용 가구를 배치하고 1인 사용 시: 6.3－6.5m^2 (1.95－1.97평) · 이불 사용, 입식 가구 배치, 2인 사용 시: 8.1m^2 (2.45평) · 이불 사용, 좌식 가구 배치, 2인 사용 시: 9.9m^2 (3.0평)	· 5인용 소파와 TV를 배치하고 식당으로도 사용하는 경우: 16.5m^2(5평) · 가구배치를 고려치 않은 거실의 일반적 최저 면적: 8.91m^2 (2.7평)	4.86m^2(1.47평) 다이닝 키친: 6.5－7.3m^2 (1.97－2.21평)	· 3인이 밥상을 사용할 경우: 4.4m^2 (1.33평)	· 욕실: 3.23m^2 (0.98평) · 화장실: 1.08m^2 (0.33평) · 욕실, 화장실, 세탁실의 용도를 겸할 때: 5.0m^2 (1.52평)
'81 주택형 개발 (주공)	· 주침실: 8.19m^2 (2.48평) · 부침실: 4.78m^2 (1.45평)	6.73m^2(2.04평)	2.84m^2(0.86평)	n.a	· 욕조, 세면대, 좌변기가 있는 경우: 3.4m^2 (1.03평)
'83 주공 설계	· 주침실: 9.72m^2 (2.95평) · 부침실: 6.52m^2 (1.97평)	9m^2(2.73평)	다이닝 키친: 5.04m^2(1.53평)		· 욕조, 세면대, 좌변기가 있는 경우: 3.15m^2 (0.95평)

<table>
<tr><td rowspan="2">'84
주공
자료</td><td rowspan="2">· 주침실: 9.9m^2 (3평)
· 부침실: 5.04m^2 (1.53평)</td><td rowspan="2">9m^2(2.73평)</td><td>4.86m^2(1.47평)</td><td>n.a</td><td rowspan="2">· 좌변기, 세면대: 1.8m^2 (0.55평)
· 좌변기, 세면대, 욕조: 3.15m^2 (0.95평)</td></tr>
<tr><td colspan="2">다이닝 키친: 6.48m^2(1.96평)</td></tr>
</table>

자료: 주거기준 설정에 관한 연구, 국토개발연구원, 1986.

3.2.4. 구조형식, 실내공간재료, 실내조명

(1) 구조형식

벽돌, 콘크리트, 목조, 돌 등은 제 나름대로 질감이 있고 개성이 있다. 튼튼한 재료, 단순구조형식이 건축비용을 적게 한다.

(2) 실내공간재료

얕은 천정은 안전성을 느끼고 높은 천정은 넓은 공간성을 느낀다. 천정은 일반적으로 평탄하지만 지붕의 균배를 이용하여 경사진 천정을 만들 수도 있다. 바닥과 벽과 천정의 치수는 그 방안의 입체감을 결정하며 좁은 복도의 천정이 너무 높으면 더욱 좁게 느껴진다. 실내의 사용재료는 너무 여러 가지 재료를 사용하지 않도록 한다. 가급적 벽과 천정은 같은 재료로 꾸미도록 한다.

(3) 실내조명

실내조명은 내부공간의 사용목적에 따라 밝기, 빛깔, 조명형태 등을 달리하여야 한다. 실내조명을 바르게 선정하려면 조명의 기본원리를 알아야 한다. 일반적으로 사람은 낮에 일하고 밤에 휴식을 취한다. 일하는 낮시간의 밝기는 환하고 밝으며 하얀색 조명을 취하게 된다.

밤이 되어 어두워지면 인공조명 내지는 어두움에 가까운 자연광을 취하게 되는데 이때의 색깔은 어두움에 가까운 노란색 조명이다. 이러한 원리를 따라 전원주택 내부 실내공간의 조명은 실의 성격에 따라 달리하여 조명을 하게 된다. 이에 따라 거실은 밝고 환한 하얀색 조명을 쓰면 적당하며 침실은 주황색 내지 노란색의 조명을 취하는 것이 바람직하다.

주방조리대와 화장대 앞에는 보조조명을 사용하는 것이 좋다. 콩알만한 전구가 모여 있는 LED 등은 빛이 강하지 않아 사물을 인식하면서도 밝은 빛으로 인해 다른 행위가 방해받지 않게 하는 기능을 갖는다.

3.2.5. 설계도서

- 배치도: 대지의 모양, 크기, 도로, 방향, 건물의 배치 등을 확인한다.
- 평면도: 건축물의 가장 기본이 되는 도면이다. 건물을 바닥 면하고 수평 되게 잘라 위에서 내려다본 도면이다. 각 공간의 배치가 표현되며 출입구, 창호 등의 위치가 표현된다.
- 입면도: 건물의 앞에서 본 정면도, 뒤에서 본 후면도, 옆에서 본 측면도가 있는데 3차원의 건축물을 2차원으로 투영시킨 면의 형태로 표현한다.
- 단면도: 건축물 평면도의 직각방향으로 잘라 직각 면을 2차원으로 표현한 도면이다. 기초높이, 바닥의 두께, 벽체두께, 천정고, 건축물의 높이, 지붕, 문, 창호의 높이 등이 표

현된다.

- 상세도: 건물의 각 부분에 대한 치수, 재료의 종류, 크기, 조립방법, 접합방법, 마감방법 등을 도면으로 세부적인 표현을 한 도면이다.
- 투시도: 집의 완성된 모습을 흑백이나 원색으로 입체적 표현을 한 도면이다.
- 시방서: 설계도면의 내용을 공사 시에 소요되는 지침과 규준으로 설명하고 명시한 도서이다.
- 구조계산서: 건축물의 무게와 부하되는 하중 등을 부담하는 부위로 해당 무게와 하중을 지지할 수 있도록 역학적 계산에 의하여 설계도면상의 소요부재크기를 계산한 내용이다.
- 공사비예산서: 건축물 도면과 시방에 의거 시공하고자 할 때 소요되는 재료의 양과 해당 재료로 공사하고자 할 때 소요되는 노무력, 장비량 등을 계상하고 이를 비용으로 환산한 것이다.

4. 외국의 사례

4.1. 개 요

해외 선진국에서는 사회적·국가적으로 노인 수가 증가하면서 노년기 기간도 길어지고 환경에의 적응력도 떨어지며 대부분의 노인이 주거환경 내에서 시간을 보내는 점에 근거해 노인을 위한 주거환경을 특별히 개발, 제공하고 있다. 또한, 노인복지를 위해 개발·지원해온 다양한 주거유형들이 과연 노인의 진정한 복지를 위해 긍정적인 효과를 가져왔는가에 대한 자체반성을 하고 새로운 대안을 모색하고 있다. 이에 대한 가장 큰 변화는 비가족적인 주거형태에 대한 회의가 커짐에 따라 재택주거를 지원하고 가족에 접근시키는 주거유형을 개발하려고 노력하고 있다.

따라서 한국에서의 전통주거유형인 3세대 주거에 관한 연구가 바람직한 대안으로 제시되고 있다. 또한, 3세대 가족을 위한 주거형태는 핵가족 분화를 감소시키고 주택수요도 감소시키며 노인부양을 자연스럽게 해결할 수 있는 방안으로 등장되고 있다.

덴마크에서는 개인주거의 자율성과 고립성과 비실용성으로부터 개선시키는 형태의 주거를 개발하고 있다. 주택군에서 필요한 공동시설로 탁아실, 취미실, 세탁실 등을 운용한다. 주민의 요구와 필요에 따라 달라지며 실용적으로 식사 후 시간에 아이들과 즐기거나 취미활동을 보내는 데 사용될 수 있도록 하고 있다.

초기 주거형태들은 맞벌이 부부 가족들을 위한 것으로 하였는데 노인인구가 지속적으로 늘어나 노인주거가 생겨나기 시작했다. 근래에는 전 세대에게 필요한 형태로 다양하게 전원주거를 제공하고 있다. 전원주거의 평균면적은 $100m^2$ 정도가 되고 있다. 근래에 더욱 크기가 줄어드는 경향이다. 커뮤니티와 프라이버시의 균형을 찾도록 설계되고 있다. 스웨덴에서는 주거형태에 공동부엌을 중심으로 주거를 공유하는 전원주택도 등장하고 있다.

4.2. 미 국

The Shell Point[1)]

–미국 Florida주 Fort Myers에 위치하고 있으며 공간구성개념은 휴양지와 실버타운개념을 접목시킨 형태이다. 생활만을 위한 단순한 기반시설 조성을 추구하기보다는 노인복지 향상을 위한 노인 개개인의 생활수준에 맞추도록 하고 있다. 실버타운 매니저가 여행, 문화, 생활 등에 대한 다양한 프로그램을 항상 접할 수 있도록 하고 있다.

미국주택건설업자협회의 스마트하우스 프로젝트도 전적으로 IT와 접목된 주택이다. 향후 몇십 년간 이러한 전원주택에 대한 수요가 점차 증가하리라 예상된다.

4.3. 영 국

북웨일즈 지역의 1,000–1,500에이커의 배후 토지를 갖는 정사각형 부지에 1,200명 정도의 인원을 수용하도록 하고 있다. 공동단지 내 유아학교, 휴게공간, 교회, 도서관 등의 공동시설도 계획하고 있다. 주택 사이 빈 공간에는 운동 및 레크리에이션 활동을 위한 운동장 시설이 마련되고 있다. 이러한 주택의 향후 동향은 주거시설 사용자 중 제한된 활동을 할 수 없는 노년층, 장애자 등을 부양하기에 적절한 환경을 만들어주는 IT와 결합되는 특징을 보여준다. 대부분의 다른 활동은 원격 조절될 수 있는 데 반하여 세탁, 요리, 간단한 수

1) 박철희, 『고령화시대 노인주거환경 계획기준에 관한 연구』, 충남발전연구원, pp. 94-96.

리는 일상적으로 IT와 결합된 로봇이 처리한다.

4.4. 일 본

발코니에는 화단을 조성하도록 하고 있다. 창호를 작게 하면 화단이 보이지 않으므로 창호를 크게 설계하는 경향이 있다. 부엌의 작업대 등은 여러 가지 요리를 준비하는 데 동시에 작업하며 효율적으로 쓰일 수 있도록 크게 하는 추세이다.

침실, 혹은 아이들 방의 붙박이장은 종래, 물건을 저장하거나 보관하는 기능에 그치고 있었으나 근래에 아이들 방이나 중고등학생 자녀들 방의 컴퓨터, 게임기, 신문, 잡지 등을 보관하거나 설치하여 작업대로 사용 후 사용하지 않을 때는 설치된 문을 닫아 방의 내부가 단순하게 정리된 분위기가 연출되도록 하고 있다.

최근에는 현관에 외출 시 필요로 하는 골프백, 축구공, 자전거 등을 설치하거나 보관할 수 있는 기능의 공간을 마련하는 추세이다. 개인적·개별적 기능수요를 개별 전원주택 설계에 반영하는 추세이다.

4.4.1. 대지모양에 따른 배치 사례

대지의 모양을 최대한 효율적으로 살리고 대지활용도를 개성적으로 표현한 형태는 다음과 같이 크게 구분하여 예를 제시할 수 있다.

(1) 대지의 형상을 유연하게 대응시킨 형태

협소한 대지의 형태와 구형이 아닌 삼각형 대지를 다수의 요철로 처리한 평면형의 예이다(〈그림 4-1〉). 1층과 2층을 모두 요철 면으로 통일하고 지붕은 평지붕으로 처리한다.

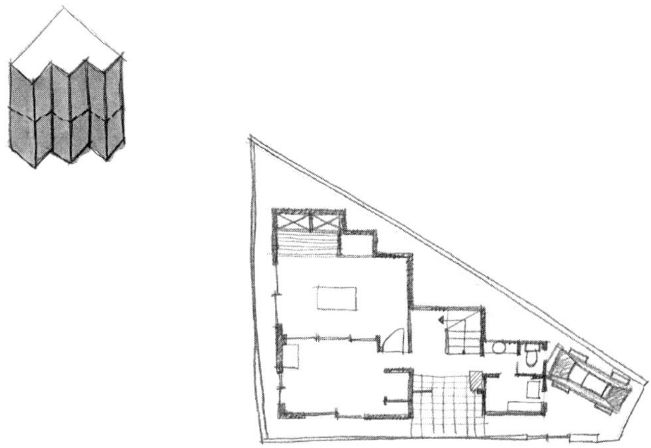

<그림 4-1> 대지의 형상을 유연하게 대응시킨 형태

(2) 대지가 법규제한을 받는 경우

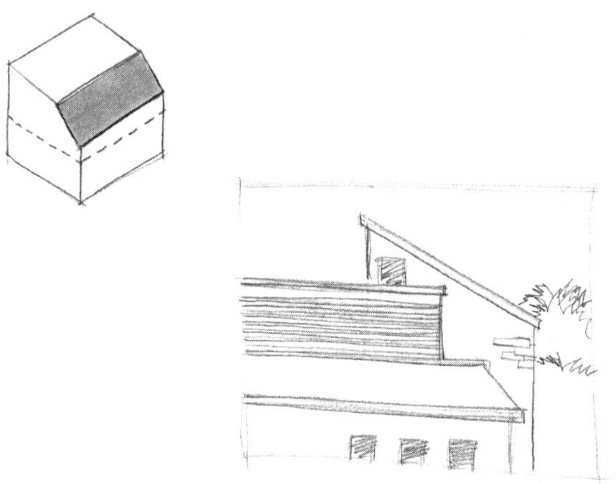

<그림 4-2> 대지가 법규제한을 받는 경우

북측 면이 도로의 사선제한을 받는 경우의 2층 부분의 형태를 사면으로 처리하였다. 기능적 형태와 부피를 갖도록 설계한다. 대지형상을 최대한 활용한 형태이다.

(3) 베란다와 옥상을 최대한 이용한 설계

대지면적이 상당히 제한되어 있을 때 베란다와 옥상을 휴게공간으로 활용할 수 있도록 한 설계이다. 빛, 바람, 조망 등을 마음껏 즐길 수 있는 이점을 확보한다. 베란다와 옥상에 의자와 테이블을 설치하여 옥외 리빙 스페이스로 충분히 활용가능하도록 설계한 예이다.

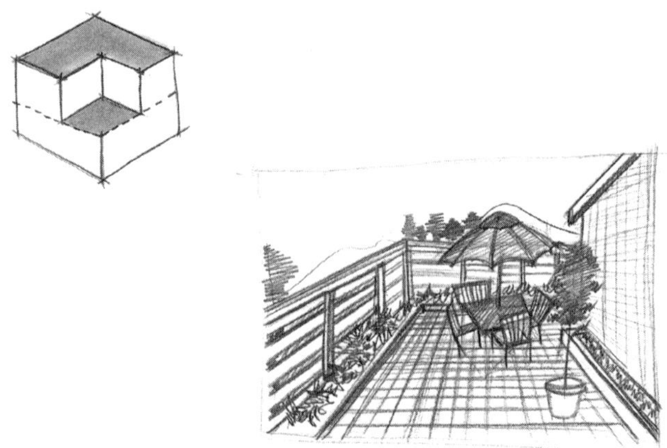

<그림 4-3> 베란다와 옥상을 최대한 이용한 설계

(4) 베란다 혹은 옥상에 지붕을 설치한 옥외공간 설계

반실외공간이라 할 수 있다. 지붕이 설치되어 있어 우천 시에도 야외활동이 가능하도록 설계한다. 기타 다목적 공간으로도 활용가능하다. 반실외공간이므로 쾌적한 공간으로서 활용도가 높다.

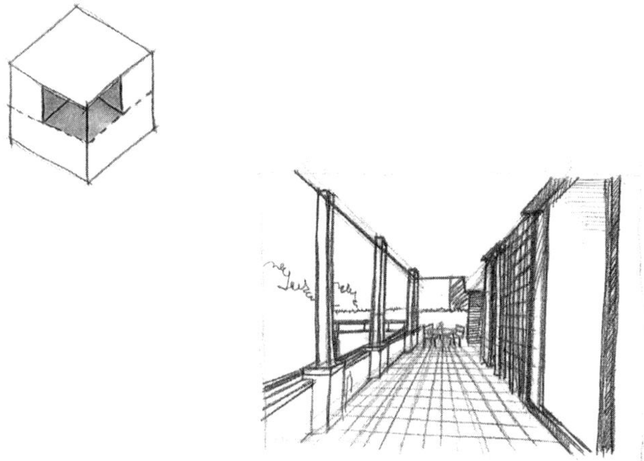

<그림 4-4> 베란다 혹은 옥상에 지붕을 설치한 옥외공간 설계

(5) 피로티 차고를 확보한 설계

건물 1층에 피로티 차고를 설치하여 용적률 제한에 따른 공간활용도를 높인 예이다. 1층을 피로티 차고로 사용함으로써 2층과 3층은

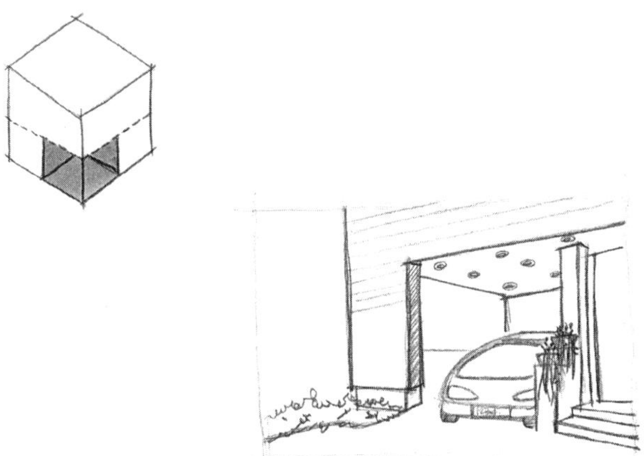

<그림 4-5> 피로티 차고를 확보한 설계

일조와 바람을 실내공간으로 인입시키는 데 유용한 위치이므로 거주 공간으로 활용할 수 있다.

(6) 프라이버시를 보장하면서 자연환경인자를 확보하기 유리하도록 한 설계

건물을 ㄷ자형으로 설계하여 중정을 확보함으로써 빛과 바람 등의 자연환경인자가 내부로 인입되도록 외부의 시선을 차단하는 기능을 갖는 설계를 한다. 내부는 실내정원의 기능을 갖는다.

이때 창문은 크게 설치하여 중정이 실내로 인입되도록 하며 외기에 접하기 쉽도록 한다. .

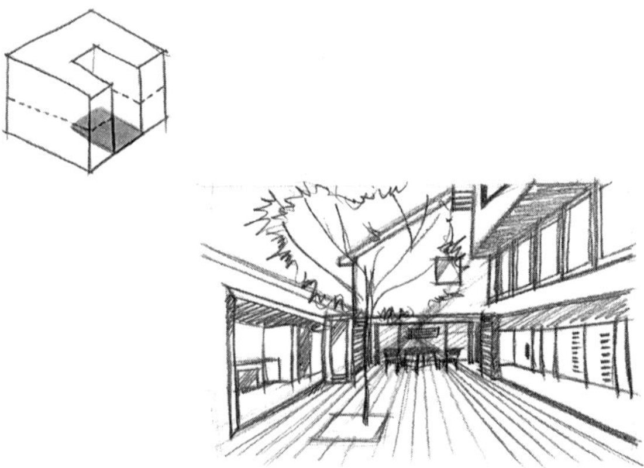

<그림 4-6> 프라이버시를 보장하면서 자연환경인자를 확보하기 유리하도록 한 설계

(7) 2층 다락방을 효율적으로 이용한 설계

협소한 대지조건인 경우, 3층이 불가능한 경우가 있다. 이때, 손님 등의 접대공간, 숙박공간으로 유용한 다락방 형식의 3층을 개발할 수

있다. 기타 스토리지(storage) 등의 용도로도 사용할 수 있다.

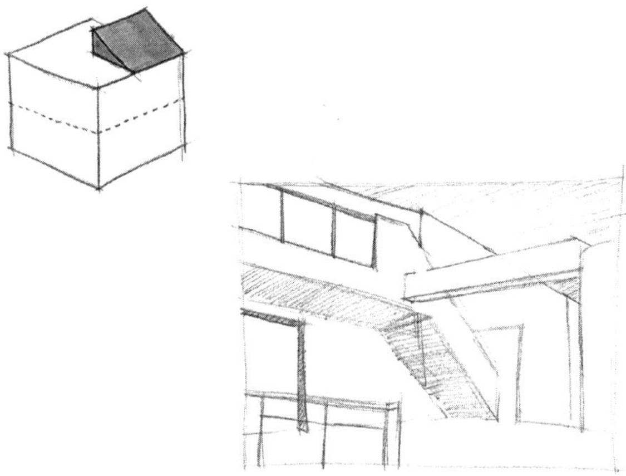

<그림 4-7> 2층 다락방을 효율적으로 이용한 설계

(8) 2층 공간을 크게 하여 채광, 통풍을 유리하게 한 설계

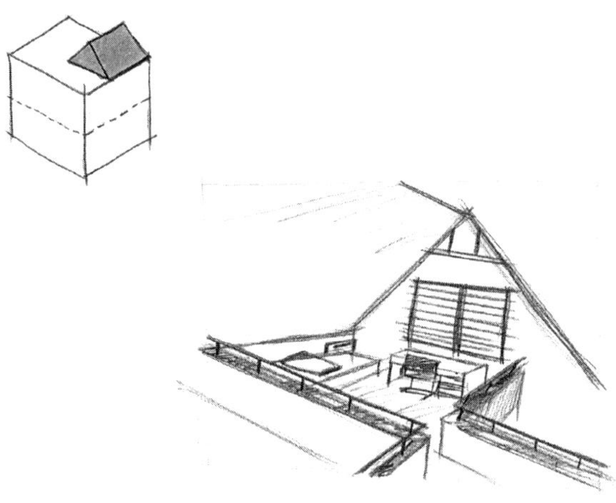

<그림 4-8> 2층 공간을 크게 하여 채광, 통풍을 유리하게 한 설계

2층의 주공간의 일부를 층고를 높여 중2층으로 개발하면, 채광, 통풍, 프라이버시 확보 등이 유리하며 시선이 확대되어 공간이 생동감이 넘치게 된다.

(9) 대공간, 큰 개구부가 있는 설계

독자적인 구조시스템으로 개발하여 기둥 간격을 최대 6m 정도로 확대, 벽이 없는 개구부를 최대한 확보한 설계이다. 장래에 공간구획이 자유롭게 이루어질 수 있는 설계이기도 하다.

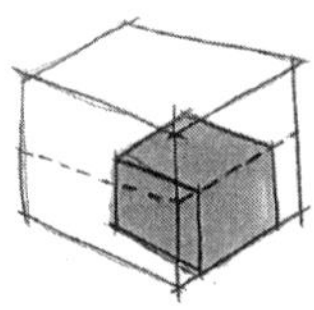

<그림 4-9> 대공간, 큰 개구부가 있는 설계

(10) 거실을 돌출시켜 실내를 확장한 설계

베란다나 거실을 1층보다 밖으로 돌출시켜(2m까지 가능) 공중에 떠 있는 형태로 설계한다. 대지면적이 제약을 받을 때 가능한 형태이다. 돌출된 하부 1층부위는 정원이나 통로로 이용될 수 있다.

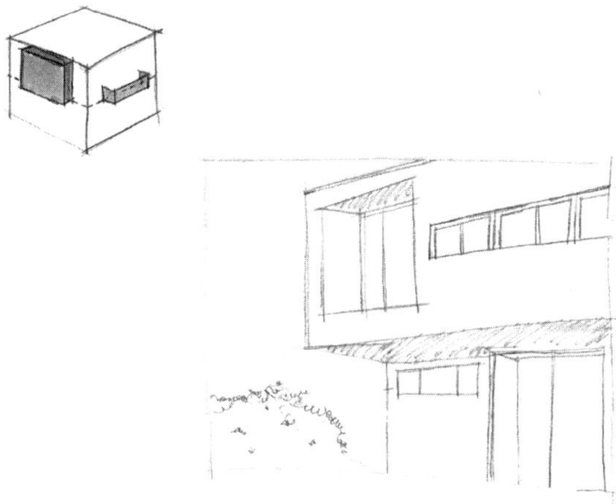

<그림 4-10> 거실을 돌출시켜 실내를 확장한 설계

(11) 1층과 2층이 관통되는 평면설계

역동적인 실내공간을 만들기 위해 1층과 2층을 관통시킨 공간을

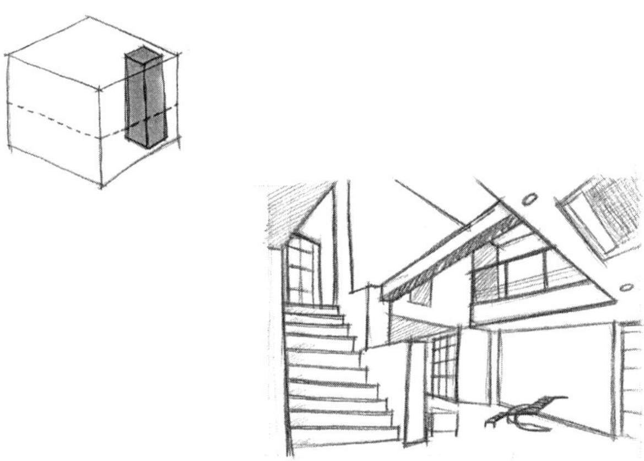

<그림 4-11> 1층과 2층이 관통되는 평면설계

만든 설계이다. 2층으로부터 실내로 인입되는 빛은 실내 분위기를 한결 밝게 한다.

(12) 지붕공간을 이용한 설계

지붕 하부를 실내공간으로 이용한 설계이다. 책, 계절용품, 각종 가족 기념품, 장난감 등의 수납공간으로 이용가능하도록 설계한다.

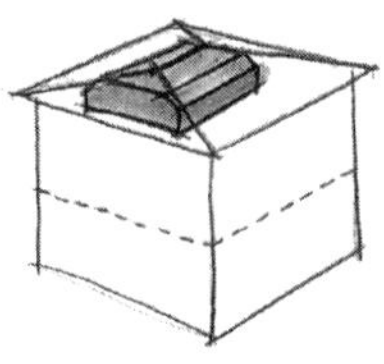

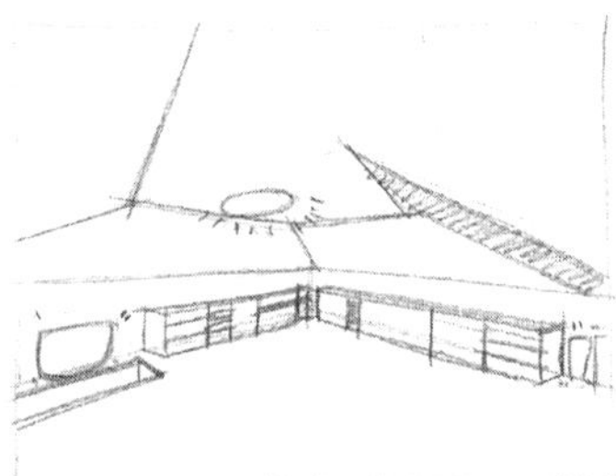

<그림 4-12> 지붕공간을 이용한 설계

4.4.2. 전원주택 설계 예

(1) 오픈된 주방과 거실을 강조한 설계형태

① 1층

- 외기와 접하는 공간을 휴게실로 사용토록 하며 세탁물을 말리는 장소로 이용하기도 한다.

• 세탁물을 말리는 공간 옆에 서비스 야드를 두도록 설계하고 있다. 이곳을 통하여 주방과 직접 연결되도록 한다. 프라이버시가 보호되도록 보이지 않는 외부에 위치하도록 하고 있다. 이 공간은 주부가 쓰레기 등을 임시로 적치하는 장소로 사용하기도 한다.
• 동선을 살린 주방배치로서 화장실과 거실이 접하도록 함으로써 가사노동이 효율적으로 이루어지도록 하고 있다. 요리를 하면서 식당, 거실에 있는 가족들과 대화가 잘 이루어지는 공간 배치를 하고 있다.
• 주방에 수납공간을 두고 있다. 접시, 그릇, 주방가전기구 등을 수납하는 공간으로 이용할 수 있다.
• 거실은 외부와 넓은 면적으로 오픈되어 접하도록 설계하고 있다. 베란다에 화분 등의 식물을 배치하여 거실로부터 정원과 꽃을 조망할 수 있도록 설계하고 있다.
• 현관 옆에 위치한 응접실은 외부손님을 간단히 접대하고자 할 때 사용되는 공간이다.

② 2층

• 계단을 통하여 2층에 오르면 가족들이 사용할 수 있는 클로짓(closet)으로 바로 접근할 수 있도록 배치시키고 있다.
• 2층 복도에 가족 독서실을 복도와 연계시켜 배치하고 있다.
• 2층에 서재의 용도나 취미생활을 할 수 있는 사적 공간을 배치시키고 있다.
• 수납공간이 있는 아이들 방을 배치시키고 있다.

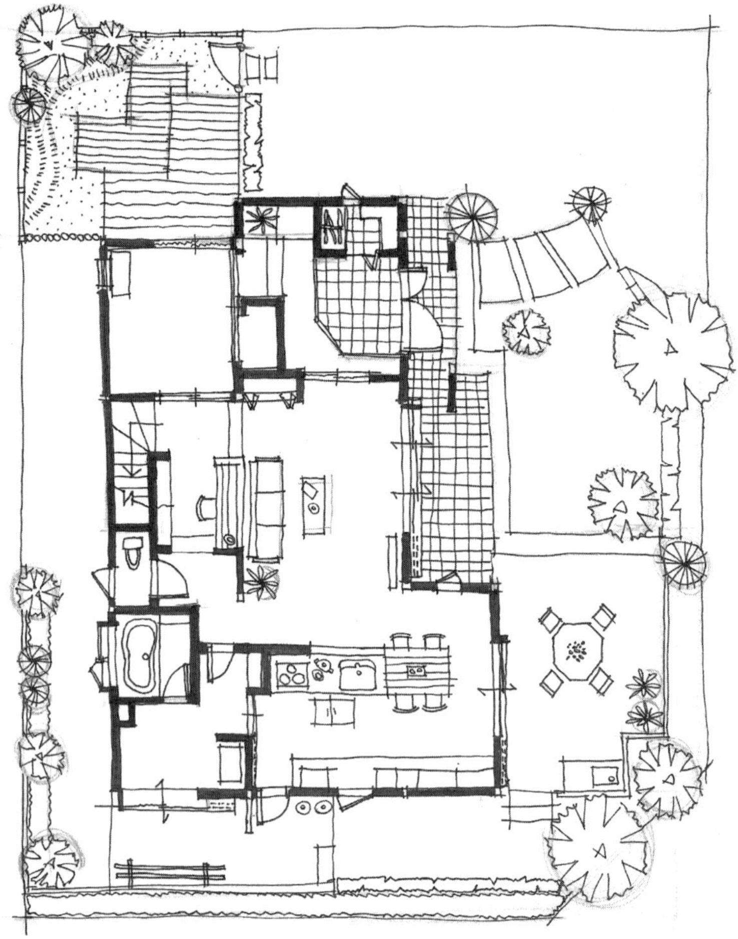

<그림 4-13> 오픈된 주방과 거실을 강조한 설계형태(1층)

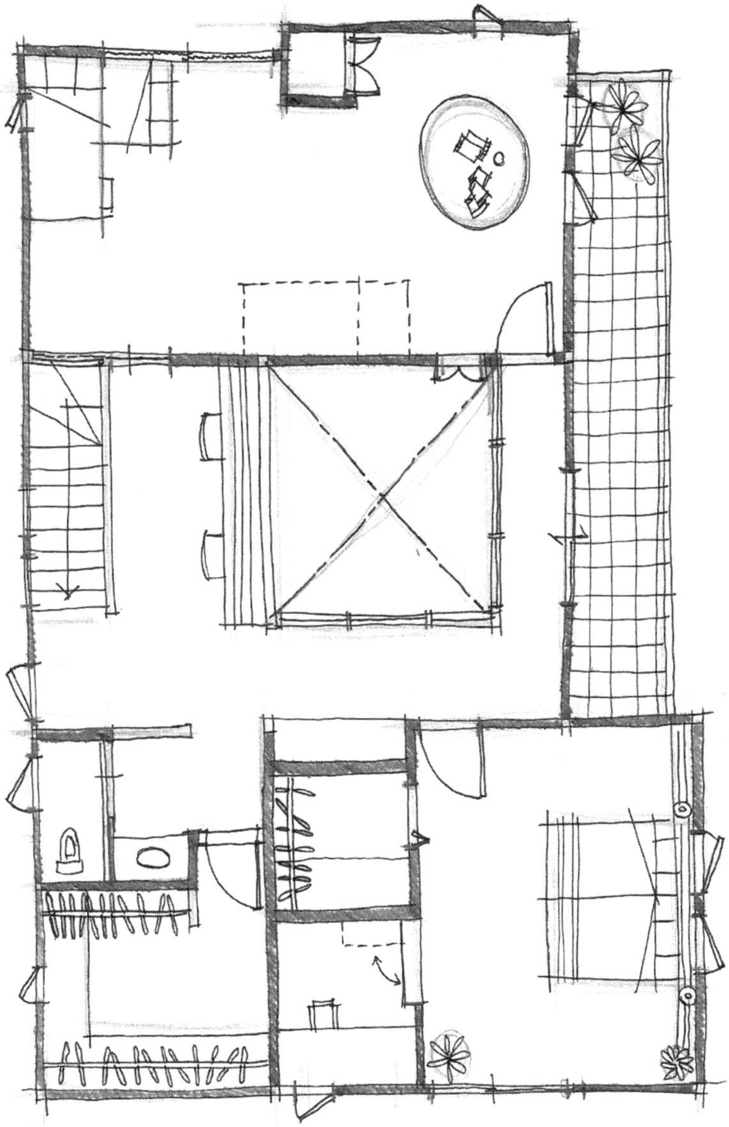

<그림 4-14> 오픈된 주방과 거실을 강조한 설계형태(2층)

(2) 계단부위를 강조한 설계

① 1층

- 계단을 식당, 주방, 거실에서 조망이 가능하도록 설계하고 있다. 이때 계단은 거실 등에서 볼 때 하나의 조형물 역할을 한다.
- 거실은 정원을 향하여 전면 개방된 오픈시스템으로 한다.
- 현관에 외부수납공간을 두고 있다.
- 거실과 침실을 구획하여 구분하고 있다.
- 거실과 식당의 공유되는 벽면에 평면 데스크를 길게 설치하여 다용도 목적으로 이용토록 하고 있다.
- 1층에 노인용 침실을 두고 있다.

② 2층

- 계단을 통하여 2층에 오르면 가족 모두가 모여서 취미생활을 할 수 있는 취미공간을 설치하고 있다.
- 2층에는 부부침실, 아이들 침실 등을 배치하고 있다.

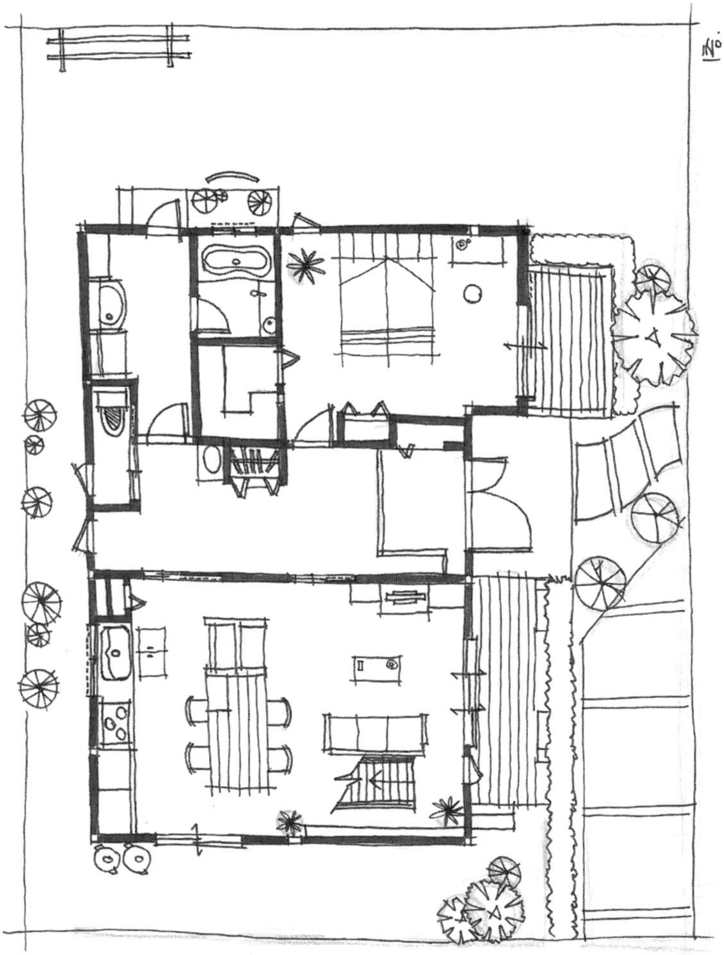

<그림 4-15> 계단부위를 강조한 설계(1층)

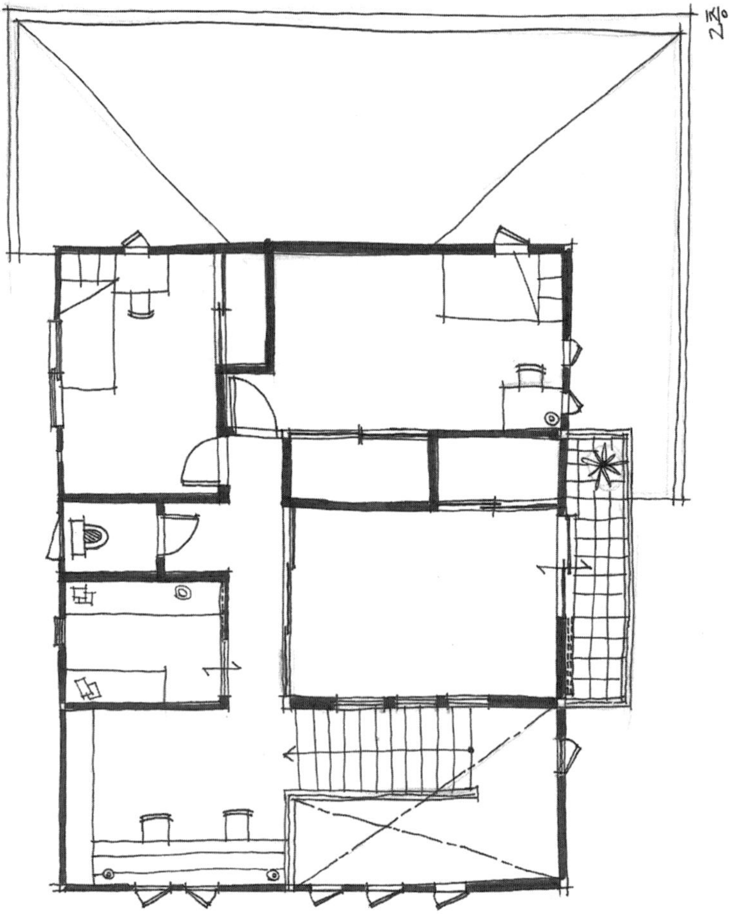

<그림 4-16> 계단부위를 강조한 설계(2층)

(3) 일조, 환기 등을 유리하게 하여 쾌적한 공간을 연출하는 공간배치

① 1층

- 식당과 거실을 겸용으로 할 수 있도록 설계하고 있다. 이때 일조 등이 유리하도록 벽면 대부분을 창호로 설계하고 있다.
- 계단 역시 거실의 조형공간으로 느낄 수 있도록 배치하고 있다.
- 수납공간을 곳곳에 배치시키고 있다.
- 가족들이 모두 사용할 수 있는 클로짓(closet)을 현관으로부터 쉽게 접근할 수 있는 위치에 배치시키고 있다.
- 주방은 작업을 효율적으로 할 수 있도록 거실과 접하여 배치시키고 있다.

② 2층

- 모든 침실은 2층으로 하고 있다. 부부침실, 노인실, 아동실을 독립성을 유지하면서 커뮤니케이션이 효율적으로 이루어지도록 배치시키고 있다.
- 계단은 1층과 커뮤니케이션이 가능하도록 1층과 오픈된 구조로 설계하고 있다.

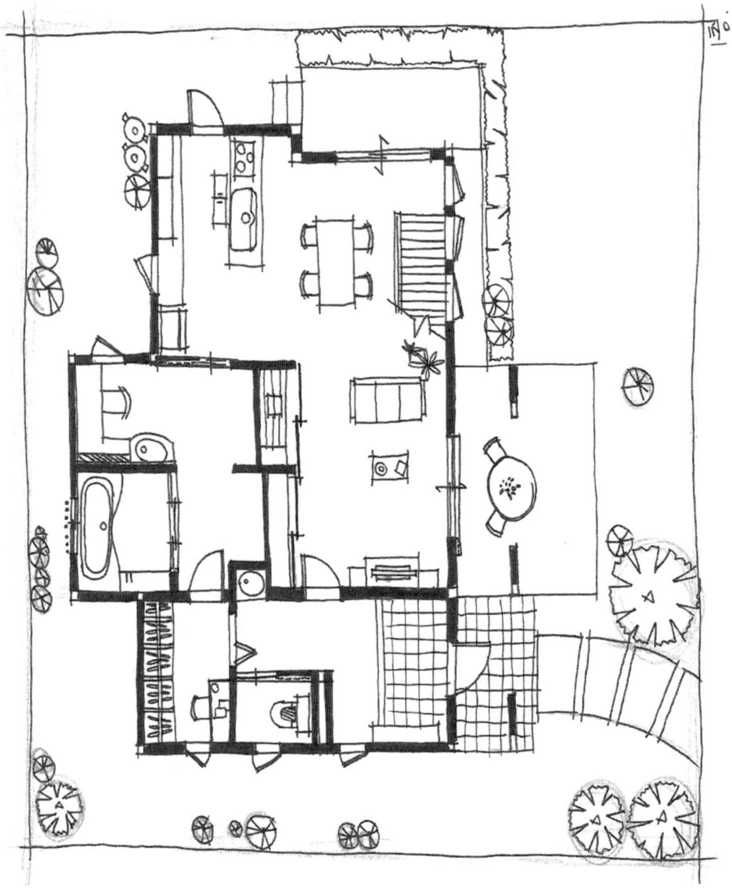

<그림 4-17> 일조, 환기 등을 유리하게 하여 쾌적한 공간을 연출하는 공간배치(1층)

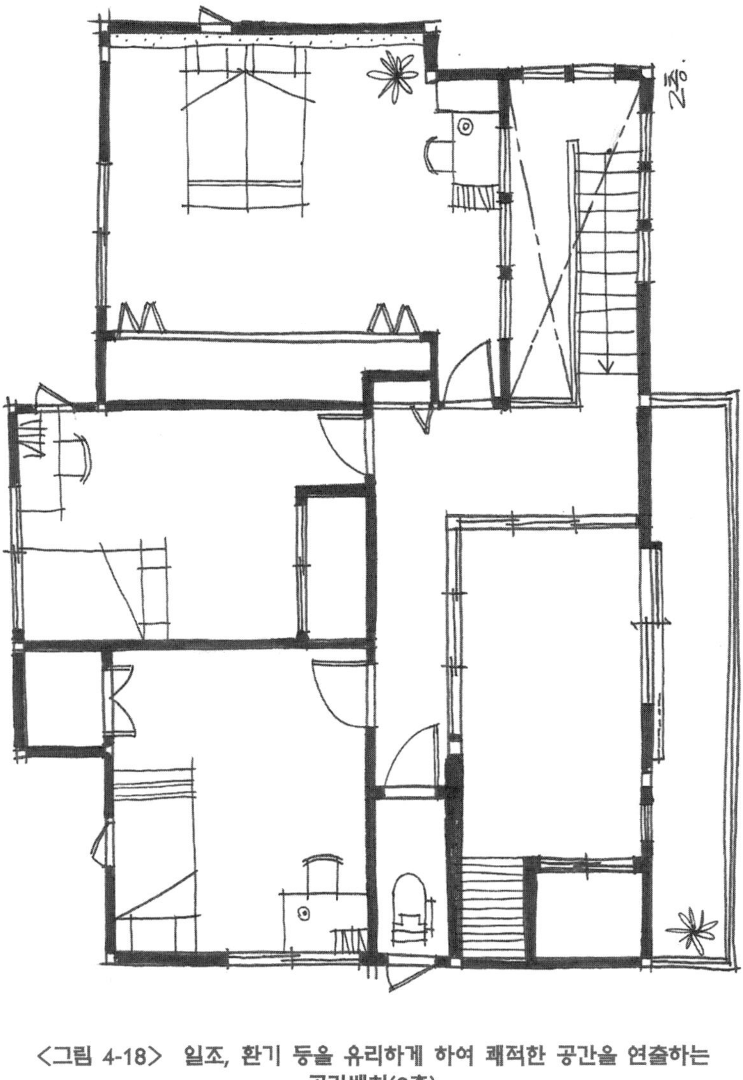

<그림 4-18> 일조, 환기 등을 유리하게 하여 쾌적한 공간을 연출하는 공간배치(2층)

(4) 거실을 강조한 평면

① 1층

- 거실을 시어터(theater) 개념으로 설계하고 있다. 대단위가족이 모여 홈시어터를 시청할 수 있도록 거실을 강조한 설계 개념이다.
- 식당, 주방, 거실이 일체화되어 거실과 공간적으로 통일되도록 하고 있다.
- 거실 옆에 노인실을 배치하여 노인이 2층을 사용함으로 인한 불편을 해소시키고 있다.
- 주방 옆에 다용도 공간보다도 다양한 식품저장창고를 배치시키고 있다.
- 주방 싱크대 옆에 식당과 경계면에 플랫 데스크를 설치하여 다용도로 이용될 수 있는 공간을 마련하고 있다.

② 2층

- 부부침실, 침실, 아이들 방을 2층에 배치하고 있다.
- 공부방과 침실을 분리할 수 있도록 플랫 테이블을 경계 면에 설치하고 있다.
- 화장실과 목욕실을 분리시키고 있다. 이에 따라 화장실에는 다양한 물품을 보관할 수 있는 클로짓(closet)을 설치하고 있다.

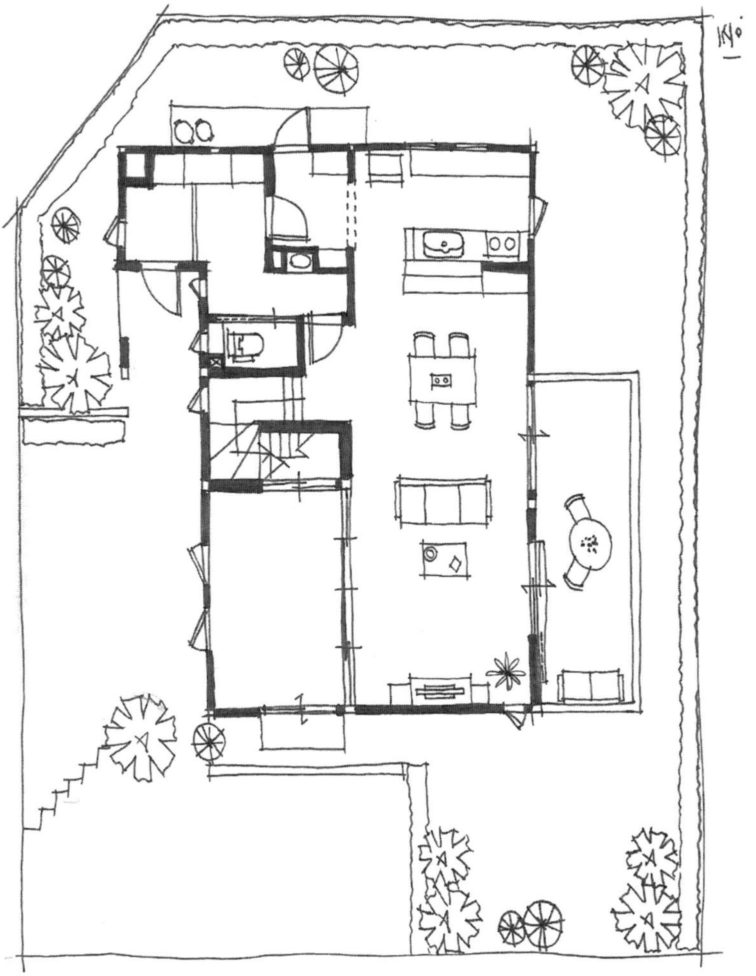

<그림 4-19> 거실을 강조한 평면(1층)

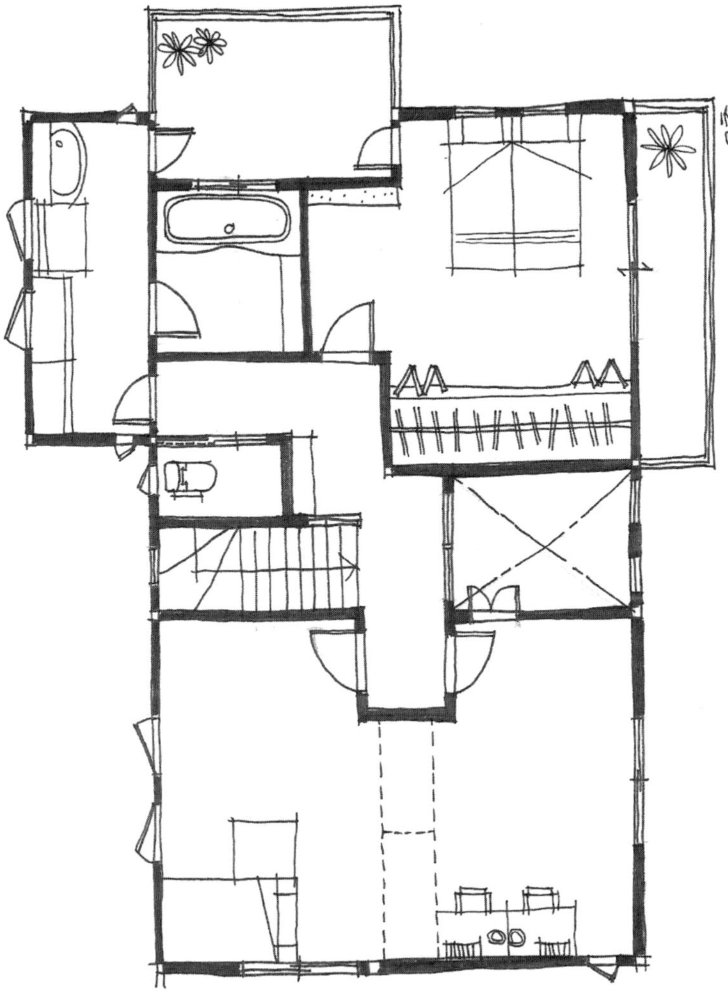

<그림 4-20> 거실을 강조한 평면(2층)

(5) 발코니를 강조한 설계

① 1층

- 현관 진입 후 가족용 클로짓(closet)에 먼저 접근되도록 설계하고 있다. 또한 현관 옆에는 외부수납공간을 설치하고 있다.
- 거실 내부에 수납공간을 별도로 설치하고 있다.
- 주방 옆에는 세탁물을 수납하는 공간을 마련하고 있다.
- 주방이 외기와 접하도록 출입문을 별도로 설치하고 있다.
- 식당과 거실 사이에 2층으로 올라가는 계단을 배치하여 공간을 구획하고 있다.
- 노인실은 거실 옆에 배치하고 있다.
- 식당, 주방, 거실 등에서 외부로 접하도록 하는 베란다를 설치하고 있다.

② 2층

- 2층에 오르자마자 넓은 계단 홀을 배치하고 있다. 이곳은 가족들 모두의 다목적 공간으로 이용할 수 있는 장소가 된다.
- 천정으로부터 빛이 인입되도록 하여 실내 분위기를 밝게 하고 있다.
- 침실 전면, 아이들 방 측면 등에 오픈된 베란다를 배치하여 외기와 자유롭게 접하고 휴식을 취할 수 있도록 하고 있다. 베란다를 돌출시켜 설계하여 외기와 접하는 면을 최대로 하고 다양한 조망이 가능하도록 하고 있다.

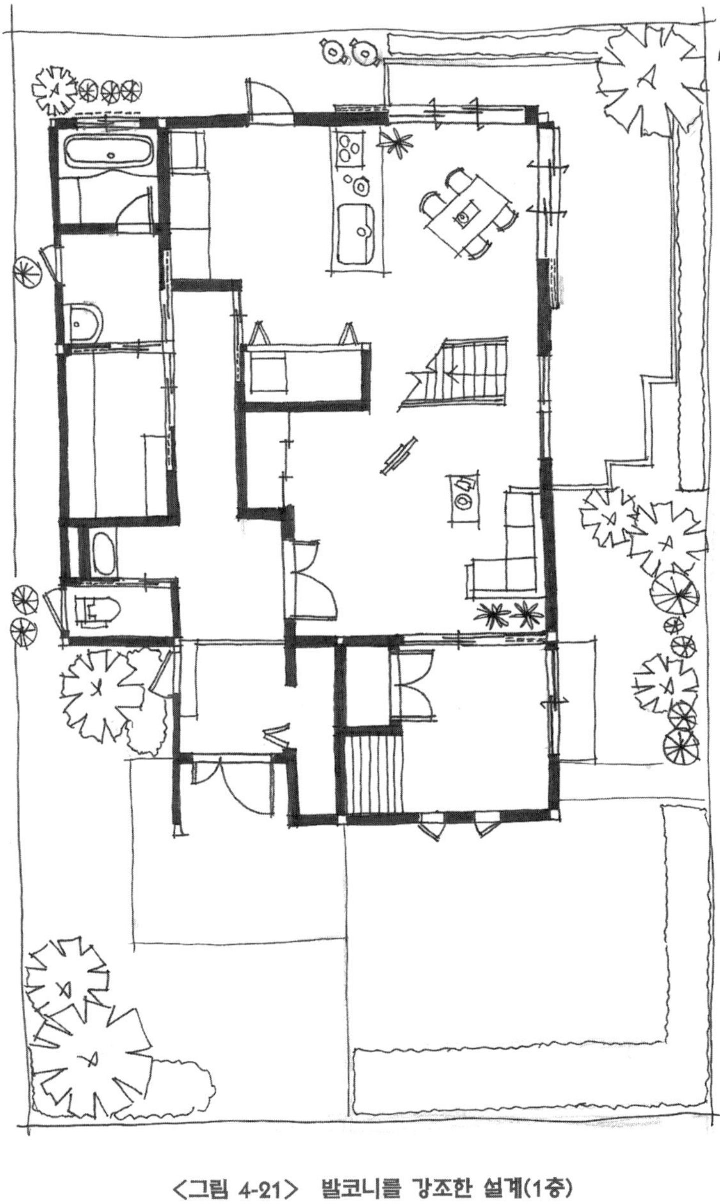

<그림 4-21> 발코니를 강조한 설계(1층)

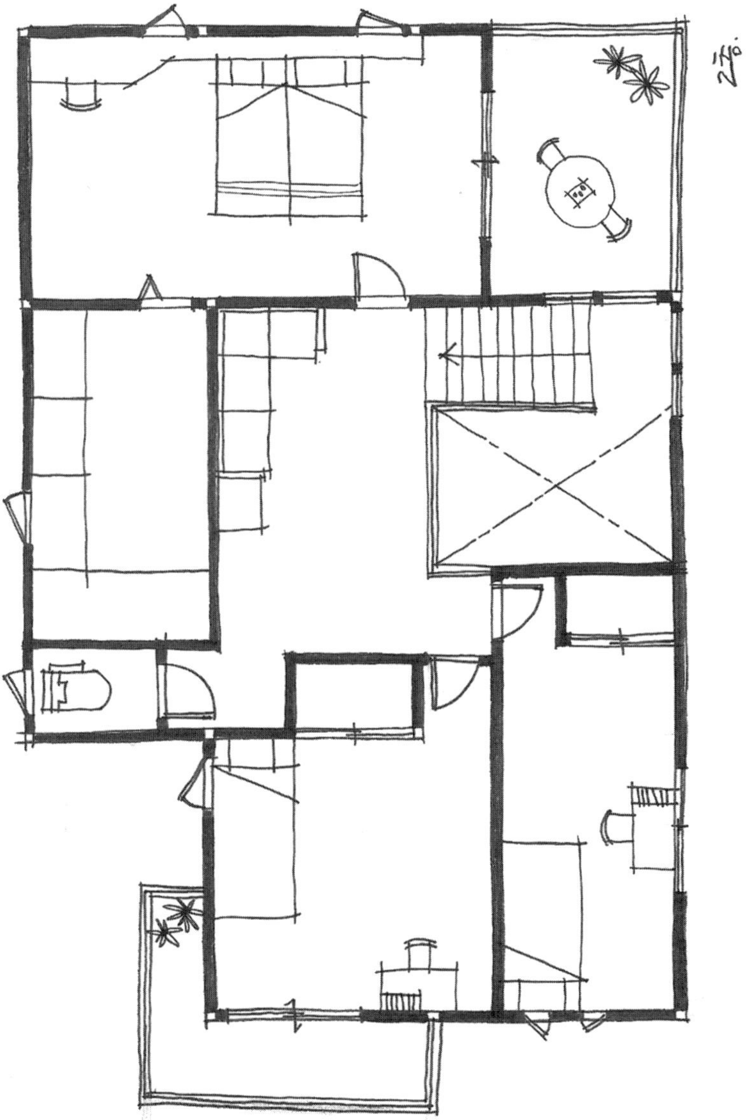

<그림 4-22> 발코니를 강조한 설계(2층)

(6) 생활공간을 다양하게 체험하는 설계

① 1층

- 발코니에 화분을 다양하게 배치할 수 있도록 공간범위를 확대하여 설계하고 있다.
- 식당, 주방, 거실로부터 외부 발코니를 모두 조망할 수 있도록 설계하고 있다.
- 주방 싱크대, 작업대를 많이 배치하여 다양한 요리를 동시에 할 수 있도록 하고 있다.
- 식당과 주방에 접하는 벽면을 작업공간으로 쓸 수 있도록 벽면 개폐도어를 설치하여 다양한 용도의 공간이 연출되고 있다.
- 현관의 협소함으로 인하여 외부에서 이용하는 여러 가지 물건을 놓을 수 없는 경우가 있는데 이를 해결하기 위하여 현관에 수납공간을 설치하고 있다.

② 2층

- 부부침실에 독립적인 작업공간을 두어 외부소음으로부터 방해를 받지 않도록 하고 있다. 이곳은 음악, 독서, 사색 등을 할 수 있는 독립 공간이다.
- 2층 욕실 옆에 세탁실을 두어 세탁실 옆의 베란다에서 건조할 수 있도록 한다. 무거운 세탁물을 2층까지 운반하는 노동을 경감시킨다.

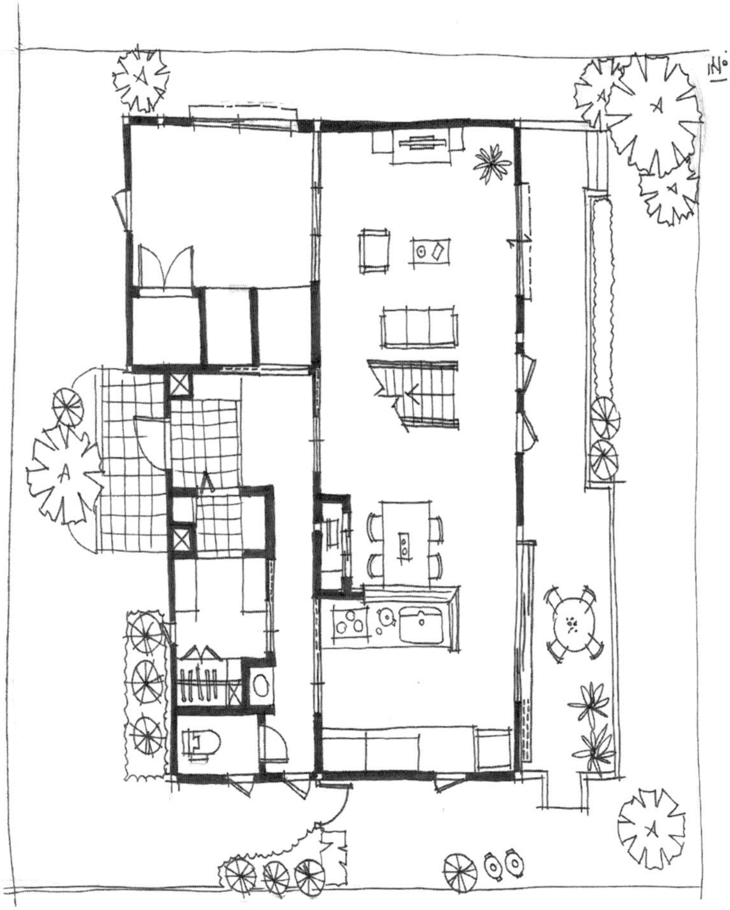

<그림 4-23> 생활공간을 다양하게 체험하는 설계(1층)

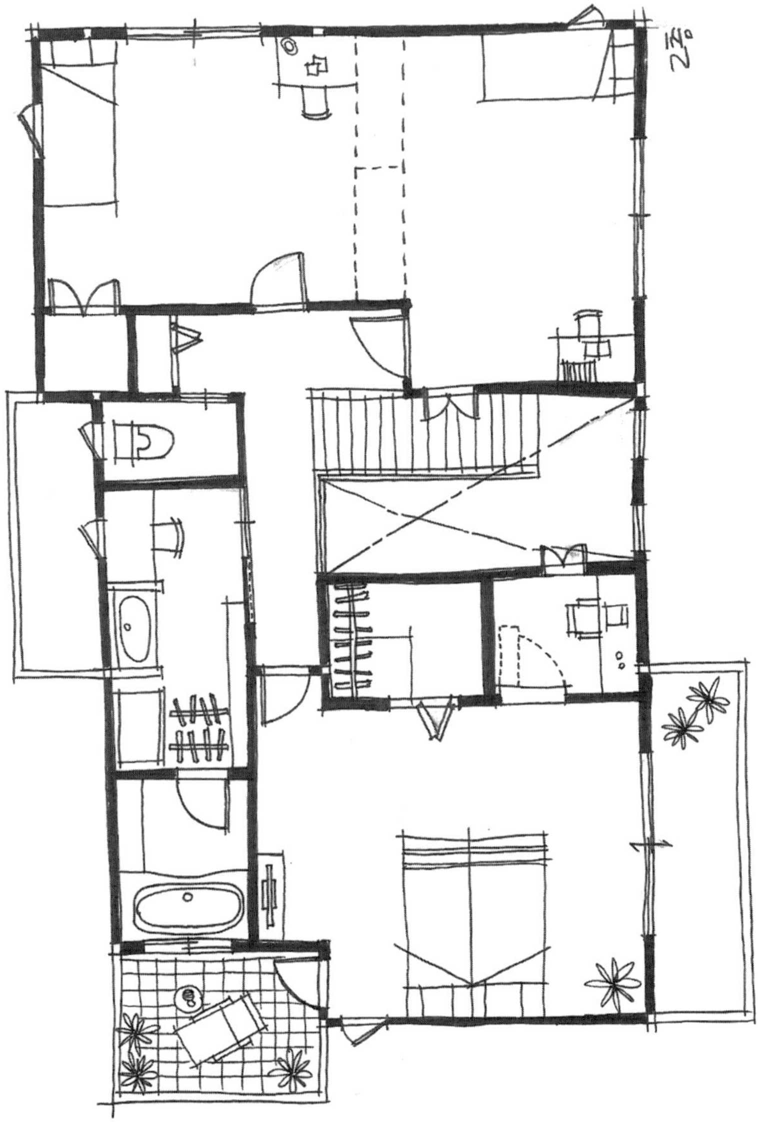

<그림 4-24> 생활공간을 다양하게 체험하는 설계(2층)

제 5 장 경제적인 전원주택 건축공사

1. 전원주택 건축공사와 건축비용
2. 경제적인 전원주택 건축공사를 위한 건축비용 절감방안
3. 건축부위별 경제성 평가 및 품질평가
4. 전원주택 건축공사
5. 경제성 확보를 위한 원가관리 및 공정관리

제 5 장 경제적인 전원주택 건축공사

1. 전원주택 건축공사와 건축비용

전원주택 건축비용은 프로젝트 라이프사이클(PLC)상에서 발생되는 전체비용을 의미한다. 이러한 전체비용은 계획단계, 설계단계, 입찰단계, 공사단계, 입주 후 유지관리단계 등의 건축 시행과정 전 단계(PLC)에서의 모든 발생비용을 의미한다. 공사단계에서 발생되는 비용이라도 직·간접적으로 계획단계, 설계단계 등에서 결정된 비용관련 제 요인과 관련이 있다. 따라서 공사단계에서의 발생비용은 계획단계, 설계단계에서 조정이 요구되는 비용요소들이 많다.

이와 같이, 공사단계에서 나타나는 비용요인들은 단순히 공사단계에만 국한된 비용작용을 이루는 것이 아니므로 전원주택 건축 계획 시, 설계 시 비용절감을 위한 비용계획이 진행되어야 한다. 이를 위하여 공사단계에서 발생되는 비용요소와 이의 제 현상을 규명하여 공사단계에서만 관리 가능한 것, 계획 및 설계단계에 반영을 요하는 것 등의 비용요소를 조절하도록 한다.

조절방법의 제시를 위하여 비용요소의 위계, 관련비중, 관련영향도, 복합 작용성 등의 프로세스를 정립하여 비용요소 체계구축을 이룰 수 있다. 이러한 비용체계에 의하여 건축비용절감을 위한 비용요인 조절 방법 및 절차가 마련될 수 있다.

전원주택 건축공사에서의 비용관련요소, 즉 작업공종, 재료비, 노무비, 장비비 등의 공종과 비목에 관계되며 시간요소가 개입되었을 때 비용증감의 추이 및 유형변화의 비용작용체계를 규명할 필요가 있다. 비용변화는 전원주택 공사비용 예산수립 시의 비용과 공사수행 후 비용정산을 비교하여 보면 파악될 수 있다. 이러한 비용변화를 참고하여 공종별 혹은 비목별 공사비용 절감을 작업공종의 선택, 물량의 증감, 재료의 선택 등을 통하여 획득할 수 있다. 공종별 비용비중은 공사규모(용적률, 연면적, 건폐율, 층수, 높이, 층고 등)의 변화에 따라 달라진다. 따라서 비용변화는 시간의 함수가 고려되지 않는 일정 정점에서의 비용변화만을 고려하면 안 되며 시간변화에 의한 비용변화의 추이를 복합적으로 규명하여야 한다.

전원주택 건축 프로젝트 전 생애(PLC)상에서 발생되는 비용요소를 계획단계, 설계단계, 공사단계, 유지단계 등으로 분류할 수 있다. 이 중, 계획 및 설계단계에서 발생되는 비용요소로는 가치, 용도 등과 같은 인간심미 가치비용, 사회미적 가치비용, 시각적 가치비용, 환경적 가치비용, 대지비용, 프로젝트 계획비용, 운영비용 등이 있다. 공사단계에서 발생되는 비용요소는 각 공종별 제비용과 해당 비목별 비용이다. 이는 공종별로 비목별 비중이 분할될 수 있으며 비중분할에 따라 시간 변화에 의한 비용절감체계가 설정된다. 공종별 공사비용절감은 자재의 변경, 공법의 변경, 공정관리의 효율화 등, 각 공종의 비용개선을 통하여 이루어지기도 하며 건축물의 크기 및 형상변화와 같은 설계결정조건에 의해서도 비용절감이 된다.

따라서 비용요소의 종류를 계획 및 설계단계요소, 공사관리요소,

생산방법요소 등으로 대별하여 이에 대한 비용요인을 시간함수와 일정정점에서의 공간함수로 분리하여 건축비용을 절감하도록 한다.

또한, 전원주택 건축의 전체비용은 설계요소, 성능요소, 시공요소 등으로 구분하는데 건축물의 용도, 건축설비의 경중, 건축물의 요구품질, 건축물의 크기 및 형상, 건축물의 위치 등이 이에 해당된다.

이 중, 건축설계 비용요소와 성능비용요소는 건축물의 용도, 건축설비의 경중, 건축물의 위치 등이며 건축물의 요구품질, 건축물의 크기 및 형상 등은 시공비용요소이다. 설계비용요소는 건축공사 비용의 절감을 위하여 설계단계에서부터 고려하여야 할 비용요소를 의미하며 전원주택 공사의 품질과 규모를 적정화함으로써 공사비용을 절감할 수 있다. 즉, 형상을 조정함으로써 공사비용을 절감할 수 있으며 이는 용도 및 성능에 전혀 영향을 주지 않고도 공사비 절감을 이룰 수 있음을 의미한다.

전원주택 건축 공사비용 절감을 위한 공사비 평가기준은 동일 대지조건에 공사규모를 변화시킴으로써 발생되는 공사비용의 추이, 동일 대지조건에 공사규모를 고정시키고 형태변화에 의한 공사비용의 추이로 나눌 수 있다. 여기서 규모변화 요인은 연면적, 층수 등이며 형태변화 요인은 건폐율, 층고, 외벽 길이, 천정고, 공용면적 대 전용면적의 비, 사용재료 등이다. 이러한 비용요인의 체계구축을 통하여 달성되는 궁극적 목표는 최적공사비용이다. 즉, 경제적인 전원주택 건축물이다.

전원주택 건축공사의 공종비용비중은 공사금액 규모나 공사연면적 규모와 상관없이 일정성을 갖고 있다. 따라서 공종별 비용비중의 평균치를 일반적인 경우의 건축 공종별 비용비중으로 계상할 수 있다.

건축비를 변화시키는 요인은 자연환경적 인자, 사회경제적 인자,

정책인자 등과 같은 외적 요인과 기술력, 프로젝트관리, 노무관리, 자재관리, 안전관리, 품질관리, 원가관리, 재무관리 등과 같은 내적 요인으로 크게 구별되는데 이 중 건축비 증감에 차이를 발생시키는 요인은 주로 내적 요인이다. 즉, 건축비 증감추이분석에 의하면 건축비 절감을 위한 공종별 관리대상 요인은 내적 요인인 기술력, 프로젝트관리, 노무관리, 자재관리, 안전관리, 품질관리, 원가관리, 재무관리 등으로 나타나고 있다. 건축비 증감률의 변화는 국한된 특정 공종에서 두드러진다.

건축비용의 발생은 프로젝트 시작단계에서 운영 및 유지관리단계까지 프로젝트 전 생애영역(PLC)에 걸쳐 이루어지고 있는바 이러한 비용요소가 독립적으로 건축비용을 결정하는 것이 아니라 상호 유기적으로 영향을 받고 있는 것을 알 수 있다. 그러나 이러한 비용요소는 무작위적인 상관성에 의해 서로 영향을 받는 것이 아니라 상위위계의 비용요소, 이에 대한 하위위계의 비용요소가 존재하며 각각의 상위위계 요소가 하위위계 요소를 공유하게 되는 경우도 발생한다. 이는 건축 각 단계별 비용요소들이 독립적으로 해당 단계에 국한된 비용결정을 이루는 것이 아니라 다른 비용인자에 직·간접적으로 비용결정의 영향을 미치고 있음을 의미한다.

2. 경제적인 전원주택 건축공사를 위한 건축비용 절감방안

전원주택 건축비 절감방안으로서 조립식 공법, 부위별 개선방안 등이 있으나 이런 것들은 비용적 측면 이외의 내구성, 내화성, 차음성, 무게, 시공성, 강도 등의 품질 및 성능에 관한 문제점이 많아 비용적 측면과 동시에 검토하여야 한다. 생산성 향상, 합리적인 공정계획, 동선계획, 양중계획, 공법의 개선, 가설공사계획, 형상의 단순화, 재료절약형 설계, 노동절약형 설계, 설계의 표준화, 공사의 표준화, 양중계획, 형틀공법의 개선, 현장운반 합리화, 인력공급 합리화, 공법의 개선, 건축재료의 선정, 공기에 영향비중이 큰 공종의 선정, 철근배근 방법의 개선, 시공성의 개선, 대지비용 등등이 건축비 절감을 위하여 검토되어야 할 사항이다.

비용은 궁극적으로 건축물의 크기, 형태와 규격과 관련이 있다. 이러한 삼각관계는 두 개의 요인이 한 개의 요인에 영향을 준다는 것을 의미한다. 예를 들어, 건축물의 크기가 결정되면 형태와 규격과 함께 비용이 결정된다는 것을 의미한다. 역으로, 건축물의 비용이 크기와 함께 결정되면 형태와 규격은 이 두 가지 요인에 의해 제약받는다는 것을 말한다.

한편, 형태와 함께 품질 및 규격이 제한되어 있다면 설계 시설들은 자동으로 제한받게 된다. 한 개의 요인은 남은 두 개의 요인에 의해서 결정되는 것이기 때문에 한 개의 요인이 선결정되거나 세 개의 요인이 동시에 결정될 수는 없다. 이것은 설계와 비용, 규모의 관계를 설정하는 시작점이 된다. 이러한 관계를 잘 설정하여 소기의 목표를 성취할 수 있도록 하는 것이 초기 설계단계에서의 역할이다.

초기 건축비용은 적지만 후기 건물유지 관리비용이 증가한다면 프로젝트 전체비용은 증가하게 되므로 시간인자 대입에 의한 비용 산출이 필요하다. 초기단계에서 비싼 자재를 사용할 수밖에 없는 경우, 내구성이 요구되는 경우, 수선 혹은 교체 등이 불편해지는 경우, 수선 혹은 교체가 심각하게 어렵고 비싼 경우, 절감되는 비용과 비례해서 수선과 교체비용을 증가시키는 경우 등등이 전원주택 건축 전체비용(PLC) 산정 시 고려해야 할 비용요소이다. 그러나 장기적이며 미래지향적 건축물에 대한 투자는 계상된 투자회수가 이루어지지 않을 수 있기 때문에 너무 멀리 내다보고 내구성 확보 때문에 비싼 자재를 쓰는 것은 경제적이지 않다. 즉, 전체 건축물의 수명보다도 긴 내구성 자재를 사용하는 것은 경제적이지 못하다.

3. 건축부위별 경제성 평가 및 품질평가

3.1. 비용평가

일위대가에 의한 부위별 단가가 높은 순으로 비용개선 대상 건축부위로 선정할 수 있다. 이는 해당 부위의 단위면적당 공사비용이 높다는 것을 의미하여 비용개선 효과가 그만큼 크다는 것을 의미한다. 그러나 일위대가에 의한 단위면적당 비용이 크다는 것은 반드시 비용개선 우선순위라 할 수 없다. 해당 부위의 전체 공사물량이 많으면 전체 공사비용이 커져 적은 단위비용개선으로도 개선효과가 크지만 해당부위의 전체 공사물량이 적으면 단위면적당 비용이 커도 전체 개선비용이 작아진다. 반대로, 단위면적당 비용이 적어도 물량이 많으면 전체 개선비용이 커지게 된다. 따라서 각 부위별 일위대가와 전체 공사물량을 동시에 파악하여 단위면적당 비용, 이의 전체비용, 전체 비용변화의 추이 등을 종합적으로 검토하도록 한다.

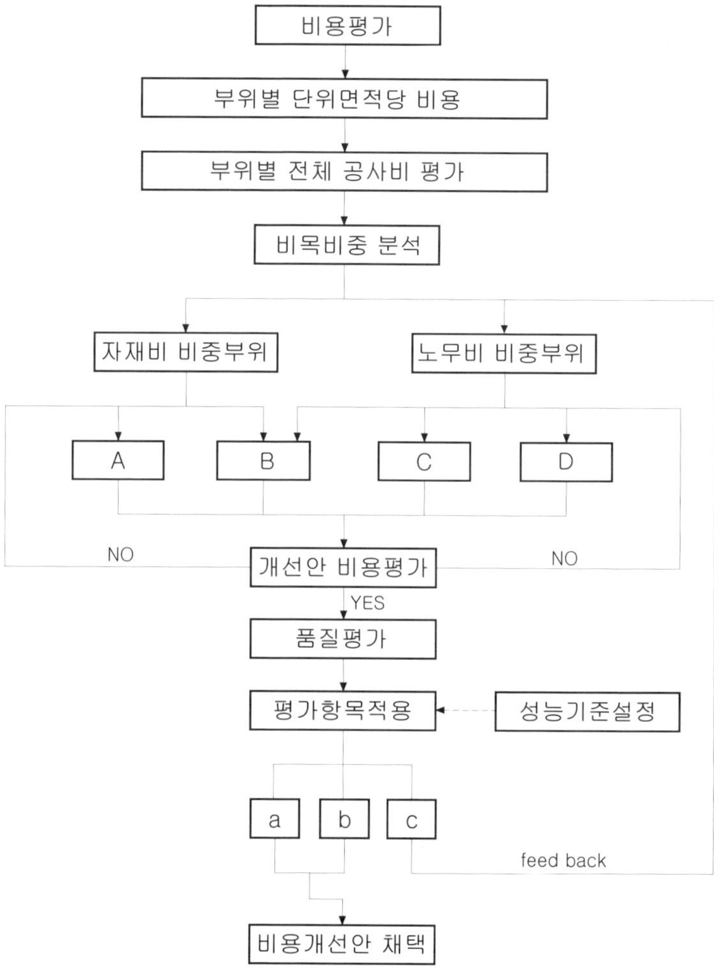

범례: A－재료변경　B－공법변경　C－위치변경　D－형태변경
a－개선　b－동일　c－저하

<그림 5-1> 비용 및 품질평가 프로세스

3.2. 품질평가

비용개선 대상 건축부위에 대하여 품질평가를 실시한다. 품질평가는 〈그림 5-1〉, 〈그림 5-2〉와 같이 진행되는데 일차적으로 건축부위에 대한 품질평가 대상 항목을 조사한다. 해당 부위별 품질평가는 설계시방서, 설계도면, 건축법 및 건축관련법, 재료성능 품질표 등에 의한다. 품질평가를 위한 성능기준은 주요 건축 관련법 및 시방서에 따른다.

평가방법 프로세스에 의한 비용개선이 가장 크게 기대되는 건축부위를 선정하고 재료변경, 공법변경, 위치변경, 형태변경 등의 비용개선 요소를 대입하여 비용개선을 실시한다. 자재비 비중이 큰 부위는 재료변경 혹은 공법변경으로, 노무비 비중이 큰 부위는 공법변경, 위치변경 혹은 형태변경으로 비용개선을 실시할 수 있다.

비용개선안은 비용계산을 다시 하여 비용개선이 이루어졌는지 검증한다. 비용개선 후 품질평가를 실시한다. 품질평가 항목의 성능기

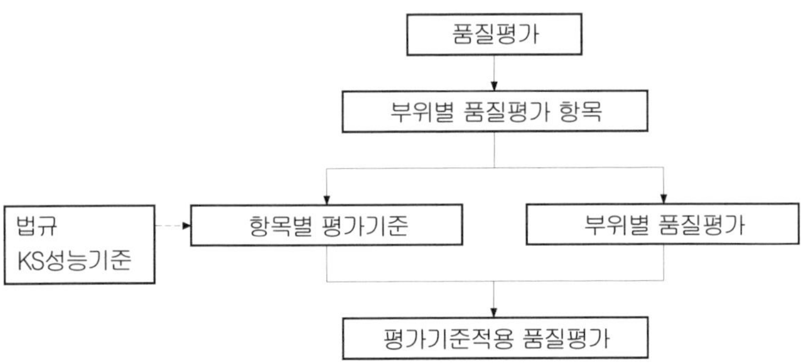

〈그림 5-2〉 품질평가 방법

준은 건축관련법, 해당 자재설명서 등에 의한다.

품질평가는 품질을 개선, 동일, 저하의 경우로 분류한다. 개선 혹은 동일한 경우는 비용개선안이 설계 및 시공에 반영되어 시행되며 저하된 경우는 비용검토를 다시 실시한다. 비용분석에 따른 비용개선 대상 건축부위는 품질평가에 의한 품질가치 개선도 동시에 한다. 품질평가에 의한 성능개선은 재료의 조합, 신재료의 사용, 공법변경, 형태변경 등으로 시행한다. 각 건축부위별 단위면적당 비용과 전체 공사비용을 동시에 파악하여 전원주택에서의 비용개선이 이루어지도록 한다.

4. 전원주택 건축공사

4.1. 건축공사 수행 주체

전원주택을 수행하기 위한 주요 주체는 건축주, 건축사, 일반건설사, 전문건설사 등으로 구분된다.

4.1.1. 건축주

건축주는 전원주택을 신축함에 있어서 부지마련, 사업비 마련, 건축사를 선택하고 시공자를 물색하는 사업주체가 된다. 궁극적으로 전원주택이 완성되었을 때 입주하고자 하는 주인을 의미한다.

4.1.2. 건축사

건축주에게 전원주택의 설계를 위탁받아 수행하는 주체를 말한다. 이때 건축사는 건축물의 설계 완성 후 이를 해당 관공서의 허가를 취득하고 허가도면에 의하여 건축물의 완성 단계까지 공사감리업무를 수행하도록 한다.

설계 시 건축주의 요구사항을 청취하여 건물의 배치, 형태, 규모 등을 설계도면에 반영토록 한다.

4.1.3. 시공자

허가도면에 의하여 전원주택을 짓고자 할 때 이러한 시공을 수행하는 공사업자를 의미한다. 시공자는 필요한 건축재료, 설비기기를 구매하고 이를 이용하여 건축행위를 하는 건설기능인을 고용하여 건축물을 완성하는 주체이다.

여기서 시공자는 공사 전반에 대한 수행책임을 갖는 일반공사업자와 일반공사업자로부터 세분화된 전문시공업종을 위탁받아 시공하는 전문공사업자로 구분된다.

4.2. 건축공사계약

전원주택의 시공을 위해 시공자와 사업주 간의 법률상 구속력을 갖는 합의를 갖게 되는데 이를 계약이라 한다. 법률상 유효한 계약이 되기 위해서는 당사자 간의 의사표시 및 승낙의 표현이 이루어져야 하며 약정, 법에 합당한 계약내용, 법률적으로 인정되는 서식이 구비

되어야 한다.

전원주택을 시공하는 수급자는 설계도면, 시방서, 계약서, 계약조건 등이 정하는 바에 따라 건축물을 완성할 것을 약속하게 된다. 이때, 사업주는 이에 대한 대가로 공사비를 지불하여야 하며 이에 상응하는 소정의 건축물의 품질을 확보할 권리가 있다. 계약방법에 따라 다음과 같이 구분한다.

4.2.1. 직영방식

사업주가 직접 자재구입, 건설기능인력을 고용하여 전원주택이 갖춰야 할 소정의 품질을 확보하면서 시공하는 방식이다. 사업주가 전문지식이 부족한 경우 일이 복잡해지고 품질확보가 어렵고 오히려 사업비가 증대될 가능성이 크다. 그러나 사업주가 전문성이 있는 경우는 사업비가 절감되고 소정의 품질을 확보하는 데 유리할 수 있다.

4.2.2. 총액계약방식

전원주택 건축공사비 총액으로 결정하여 계약하는 방식이다. 경쟁입찰 시 공사비 절감이 가능하다. 그러나 입찰 전까지 도면, 시방서, 견적서 등을 완비해야 함에 따라 시간 소요가 길어질 우려가 있다.

4.2.3. 단가계약방식

전원주택 건축에 소요되는 전체 물량을 파악 후 단위 물량에 소요되는 공사비 단가를 계산하여 계약을 체결하는 방식이다. 해당 단위물량에는 자재비 단가, 노무비 단가, 비용 단가 등으로 계약체결이 이루어진다.

4.2.4. 설계 · 시공 분리계약

건축주가 설계자와 전원주택 건축설계 업무에 관한 계약을 체결하고 이후 완성된 설계도면에 의해 시공자와 설계도면의 내용에 의한 전원주택 건축물을 완성시킬 것을 내용으로 하는 계약체결을 이루게 된다.

4.2.5. 설계 · 시공 일괄계약

건축주가 전원주택 설계 · 시공업무를 단일 수급자와 체결하는 방식이다. 설계 · 시공업무를 수급한 업체는 설계와 시공에 관한 모든 책임을 소지하게 된다. 설계와 시공에 관한 업무의 조정, 협조, 품질 향상 등을 꾀할 수 있으나 발주자가 전문적인 지식이 없고 업체가 부실한 경우 반대의 결과도 발생한다.

4.3. 계약도서

4.3.1. 계약서

계약서에는 공사범위, 공사금액, 공사기간, 책임범위, 설계내용과 설계내용에 의한 공사수행임무 등을 기술한다.

4.3.2. 설계도서

계약서가 작성된 후 발주자는 시공자가 의도하는 전원주택을 완성하도록 이에 필요한 설계도면, 시방서, 구조계산서, 지질조사 보고서 등을 제공한다. 도면은 부지현황, 배치도, 건축도, 구조도, 설비도 등으로 구성되며 시방서는 이를 만족시키기 위한 재료, 장비, 설비의 유형과 품질, 시공 정밀도, 설치방법, 공사방법 등을 서술적으로 기술한다.

4.4. 전원주택 건축공사

4.4.1. 부지조사

전원주택이 건축될 부지 현황조사를 통하여 도로상황, 지하매설물, 공공의 공작물, 주변도로의 부지와의 고저관계, 주요 공공시설, 인접대지조건, 인접건물에 대한 상황 등을 충분히 조사하여야 한다. 이를 위하여 거리측량, 고저측량, 평판측량, 지형 및 부지형태 측량, 경계측량 등을 필요로 한다.

4.4.2. 지반조사

전원주택 건축물의 완성 후 혹은 건축 중 안전성, 유지 및 관리를 위한 기본자료를 얻기 위하여 부지 및 부지 주변의 지반 및 환경조사를 실시한다.

지반조사는 토질조사를 기본으로 지반의 종류, 특수암, 흙의 압밀성능 등을 조사한다. 지반조사에는 지하탐사법, 보링, 토질시험, 지내력 시험 등이 동원된다.

4.4.3. 가설공사

전원주택 본 건축물을 건축하기 위하여 필요한 가설적 시설물을 설치, 활용하는 공사이다. 본 건축물을 건축하는 수단 및 보조적 기능으로 일시적으로 수행되는 공사이다.

공통가설공사는 가설울타리, 가설사무소, 가설도로, 공사용 전력, 용수설비, 안전설비 등이 있으며 직접가설공사는 양중운반설비 등이 있다.

4.4.4. 토공사

전원주택공사를 위한 토공사로는 기초파기공사, 흙막이공사, 되메우기공사, 흙운반공사 등이 있는데 다른 공사와 달리 천연재료인 흙을 상대로 작업을 수행하게 된다.

토공사 중에 기초공사와 골조공사 등이 병행되어 실시되는 경우가 많으므로 공사의 합리적인 진행을 위한 작업계획 및 작업순서 등을 결정하여야 한다.

4.4.5. 골조공사

(1) 거푸집 공사

거푸집은 골조공사 시 콘크리트를 타설하기 위한 구조체의 형틀로서 콘크리트를 일정한 형상과 치수로 유지되도록 하며 콘크리트 골조가 양생된 후 해체되는 작업재료이다.

콘크리트 구조체의 형상 및 표면 마무리 등이 잘 이루어지도록 조립의 용이성, 해체 용이성, 운반 용이성, 품질성능, 안전, 경제성 등을 고려하여 재료선택을 하여야 한다. 콘크리트가 중량물이므로 콘크리트의 하중, 콘크리트 타설충격 등에 의한 처짐, 뒤틀림의 변형이 없어야 한다.

(2) 철근공사

철근콘크리트 공사 시 콘크리트의 내부에서 철근과 콘크리트가 일체로 결합되어 하나의 구조체로서 성능을 발휘하도록 하는 재료이다. 콘크리트 내부에 있는 철근은 콘크리트가 경화함으로써 철근과 콘크리트가 견고히 결합되어 구조적 성능을 발휘하게 된다.

철근콘크리트 구조체는 내화성, 내구성, 내진성 등의 성능을 갖도록 설계되어야 한다. 철근의 사용목적은 인장력이 약한 콘크리트를 보완하거나 콘크리트만으로 단면력이 확보되지 않을 때 보강을 위한 복합체로 사용된다.

(3) 콘크리트공사

거푸집 재료와 철근 재료를 동시에 사용하여 철근콘크리트 구조체를 만들 때 콘크리트 재료가 소정의 품질을 얻도록 콘크리트 타설 방법, 철근조립 방법, 거푸집 공법 등을 알맞게 선정하여야 한다.

4.4.6. 조적공사

조적공사의 주요 재료로서는 벽돌, 블록, 돌 등이 있다. 이러한 재료는 골조공사가 끝난 후 전원주택 각 실들을 구분하는 내부 칸막이 벽과 외부 마감벽 등에 사용된다. 쌓기 방법에 따라 재료의 내구성, 모양 등이 달라지므로 용도에 적합한 쌓기 방법이 선택되도록 한다.

4.4.7. 타일공사

타일은 전원주택의 내부마감 혹은 필요 시 외부마감을 위한 재료이다. 의장적 효과가 좋고 건축물의 외관을 보기 좋게 마무리할 수 있는 재료적 성능을 갖추고 있다. 외장용인 경우 장식 이외에 구조체를 보호하는 성능을 갖추어야 한다. 공사 착수 전 타일의 선정, 공법 선정 등을 유의 검토하여 박리, 백화, 바탕균열, 타일균열 등이 생기지 않도록 한다.

4.4.8. 목공사

목재는 온도, 습도에 의해 목재의 성질이 변화되는 등 관리가 어려운 재료이다. 목재를 이용한 공사로는 목조 전원주택, 철근콘크리트조, 철골조, 조적조 건축물의 바닥재료, 창문틀, 지붕틀, 수장, 내장공사 등이 있다.

실내마감공사인 수장공사는 품질이 좋고 건조가 잘된 것을 사용하여 마감 후 비틀림 등을 방지해야 한다.

4.4.9. 방수공사

건축물 내부에 물의 침입방지와 건축물 내부 물의 사용개소로부터

물을 사용하지 않는 개소로의 물의 유출 등을 방지하는 것을 방수의 목적으로 한다. 방수성능은 물의 침투 혹은 유입, 유출을 막기 위한 소정의 성능에 맞추어 적합한 방수공법을 선택하여야 한다.

방수설계 및 재료선정 시 유의하여야 할 사항으로는 장기간에 걸친 개수를 고려하여야 하며 바탕의 종류, 방수층 형태, 방수공법과 관련 재료의 적합성 등을 고려하여야 한다.

(1) 방수공사의 기본원칙 및 검토사항

방수개소에 사용되는 콘크리트는 수밀성을 확보하여야 하며 콜드 조인트(cold joint), 컨스트럭션 조인트(construction joint)를 최소화하고 누수경로를 차단하도록 한다. 방수공사 착수시점은 구조체의 초기침하가 완료되고 건조수축이 끝난 다음으로 한다. 방수시공의 바탕면은 평활도를 유지하여야 하며 드레인(drain), 트렌치(trench) 등으로 배수 방향을 결정한다.

(2) 방수재료 선정

콘크리트, 철근, 시멘트 모르터, 조적, 기타 등의 바탕구조에 물리·화학적으로 전혀 유해하지 않은 물성의 방수재료가 선정되도록 한다. 방수재료는 내수성, 내구성, 내후성, 내약품성, 내노화성의 성능을 확보할 필요가 있다. 바탕구조가 건조수축하거나 신축함에 따른 대응성능이 있는 재료로 하여야 한다.

(3) 방수공법

방수공법을 선정 시 내부, 외부, 바닥, 지붕, 외기노출부, 지면접촉부 등의 시공부위에 대한 검토가 이루어져 바탕구조의 형상에 따른 시공성능이 확보되도록 한다.

방수 보호층을 시공할 경우, 선행공정, 후속공정 및 시공시기, 일정, 순서 등을 종합적으로 고려하여 시공계획을 수립하여야 한다. 방수층 두께의 검사 및 방수층 시공 후, 보호층 시공 후의 담수시험에 의한 방수성능을 확인할 필요가 있다. 방수층 시공 후 보호층을 조속히 시공하여 보호층 시공지연에 의한 타 공정 작업 시 방수층이 손상되지 않도록 한다.

4.4.10. 미장공사

미장공사 공법에는 모르터 바름, 플라스터 바름, 회반죽 바름, 흙바름 등이 있고 이를 바탕으로 인조석 갈아내기 등의 마감면을 확보하는 공법도 있다. 시멘트 모르터, 석고 플라스터 등은 물과 결합하여 건조경화되는 수경성이며 토벽, 회반죽, 돌로마이트 플라스터 등은 공기 중의 탄산가스 작용으로 건조되는 기경성이다.

수경성, 기경성 모두 경화 후 균열 등을 방지하기 위하여 바름바탕의 틈, 구조체의 변형, 바름면의 바름재료의 불량 등이 생기지 않도록 주의하여야 한다.

4.4.11. 지붕공사

지붕공사는 지붕의 형상 및 외관에 따라 재료 및 시공방법을 결정하여 우수의 흐름이 좋고 비가 새지 않고 비바람 등에 의해 손상되지 않는 구조로 하여야 한다.

지붕의 바탕재 선정 시에는 평활면처리, 방수층 보호, 단열효과 등의 성능을 확인해야 한다. 지붕공사에 사용되는 재료로서는 기와, 석면 골슬레이트, 금속판, 합성수지골판, 아스팔트 싱글 등이 있다.

4.4.12. 금속공사

금속공사의 종류로는 계단의 논슬립, 공작물 보호용 철물난간, 장식철물, 금속판 등이 있다. 철강재료 사용 시 유의해야 할 사항은 방식사항인데 철강재료의 방식방법으로서는 전기아연도금, 용융아연도금, 녹막이 도장 등이 있다. 알루미늄 합금 방식방법은 양극산화처리 및 도장 등의 방법이 있다.

금속판벽 마무리는 구조체에 경량형 형강을 고정시킨 후 금속판을 경량형 형강에 고정시키는 방법이 있다.

4.4.13. 창호공사

창호는 채광 및 환기를 목적으로 하는 창과 출입기능을 확보해주는 문으로 구분한다. 창호는 개구부이기 때문에 기밀성, 수밀성, 방화성, 방풍성, 통풍성, 차음성, 방진성, 단열성, 채광성, 차광성, 안전성, 조작의 용이성, 미관 등이 요구된다.

창호공사는 벽, 바닥 등의 마감공사에 앞서 시공되기 때문에 후속공사의 마감면 기준이 된다. 따라서 오차가 최소화되는 정밀한 시공이 요구된다. 창호재료로서는 목재, 금속재, 합성금속재 등이 있다.

4.4.14. 유리공사

유리는 채광, 외기차단, 투시, 방한, 방음, 단열, 마감 등의 다양한 기능이 있다. 사용장소에 따라 외부, 내부 등으로 구분하는데 외부용도의 유리공사는 외부창호, 천창 등이 있으며 내부용도의 유리공사로는 실내 칸막이벽, 욕실문, 천창 등이 있다.

유리공사에는 판유리 끼우기 공법, 유리블록 조적공법 등이 있는데 유리를 벽체에 직접 설치하는 방법, 유리를 문틀에 끼운 후 설치하는 방법 등이 있다.

4.4.15. 도장공사

도료를 사용해서 전원주택 내외부의 표면마감을 실시하는 공정을 도장공사라 한다. 도장재질, 도장방법, 미장성능에 따라 도장효과가 달라지므로 적절한 재질과 도장부위의 표면처리 등과 함께 재료, 공법 등의 선택이 필요하다.

4.4.16. 수장공사

전원주택 내외부의 최종 마무리, 마감 단계의 공사로서 미관, 외관 등을 결정하는 공사이다. 내장 마무리에 요구되는 성능은 각 실의 용도, 형태, 조건 등에 따라 다르므로 이에 적합한 재료를 선택하여 수장공사를 수행하는 것이 필요하다. 수장공사는 단일 재료를 선택하여 시공하는 경우는 드물고 대개 다른 재료와 복합적으로 사용한다.

4.4.17. 단열공사

건축물 각 부위로부터 열손실 혹은 열전이를 방지하기 위한 공사이다. 건축물의 단열성능을 높이기 위해서는 단열재 성능, 단열공법의 적정성, 품질관리 등이 요구된다. 시공 시 품질관리가 되지 않으면 우수한 단열재 사용, 사용기준의 준수 등을 하여도 단열성능이 확보되지 않는다.

(1) 단열공법의 종류

① 외단열공법

건축물의 외부 부위에 단열재를 설치하는 단열공법으로서 단열효과는 좋지만 시공이 어려운 단점이 있다.

② 내단열공법

건축물의 내부 부위에 단열재를 설치하는 단열공법으로서 단열효과가 떨어지지만 시공이 용이한 장점이 있다.

③ 중단열공법

건축물의 구조체 중간부위에 단열재를 설치하는 공법으로서 단열성능을 어느 정도 확보할 수 있으며 시공이 용이하다.

(2) 부위별 단열공법

① 벽체

공간 쌓기 등을 이용해 단열재를 설치하며 단열재를 설치하는 면에 모르터가 흘러내리지 않도록 유의해야 한다. 단열재 내측면에 방습층을 설치하여 외부로부터 실내로 습기가 침투하지 않도록 한다.

② 바닥

전원주택의 지반에 접한 바닥면의 단열공사는 바닥 슬래브가 접하는 지반면에 먼저 방습층(vapor barrier)을 설치하고 그 위에 단열재를 틈새 없이 밀착시켜 설치하도록 한다.

③ 지붕

전원주택의 콘크리트 슬래브 위에 설치하는 단열층은 방수층 위에 설치하게 되는데 이때 단열재를 틈새 없이 깔도록 하고 방습시공 후 보호 콘크리트 시공을 한다.

4.4.18. 온돌공사

전원주택의 실내 바닥난방공법으로서 온돌공사를 하게 되는데 저열 보일러 시스템에 의한 온돌 난방파이프를 바닥 콘크리트 슬래브 내부에 심어 난방을 실시하는 공법이다.

온돌 공사 시 실내 바닥이 균등하게 더워지고 습기가 차지 않도록 유의해야 한다.

5. 경제성 확보를 위한 원가관리 및 공정관리

당초 계획되었던 전원주택 건축예산을 초과하지 않도록 하거나 예산절감을 하여 전원주택 건축의 경제성을 확보할 필요가 있다. 이를 위하여 전원주택 건축의 전 단계에 걸쳐 계획수립, 원가 모니터링,

수행내용의 분석, 수정시행의 과정을 거쳐야 한다.

초기 설계단계에서 예산을 정확하게 잡지 않아서 실제 수행비용보다 과도하게 작거나 큰 경우, 설계내용이 당초예산을 불필요하게 초과하거나 책정되어 공사진행 중 공사비 절감을 위한 다양한 대책을 강구하느라 땀을 흘리는 경우가 많다.

이와 같은 원가관리를 실제적으로 수행키 위하여 고려해야 할 제반비용은 대지비용, 설계비, 감리비, 인허가 비용, 제세금, 자재조달비용, 금융비용, 물가상승비용 등이 있다.

전원주택 공사의 원가관리 시 고려되어야 할 주요 비용항목은 다음과 같다.

가. 대지비용
나. 설계비, 감리비
다. 인허가비
라. 본공사비
마. 제세공과금
바. 법률비용
사. 금융비용
아. 물가상승비

원가관리를 원활히 하기 위해 사전에 원가계획을 수립하여야 하는바 설계단계부터 비용항목을 단계적으로 결정하면서 궁극적으로 전원주택이 완성되었을 때 공사비용이 예산을 초과하지 않도록 수립되어야 한다.

전원주택 건축공사의 원가는 일반적으로 자재비, 노무비, 외주비,

경비 등의 네 가지 요소로 구성되며 여기서 외주비라 함은 전원주택 주요공사의 일부를 일괄 제2의 시공업체에게 불하하여 공사 수행을 하도록 하는 것을 의미한다.

원가관리와 함께 전원주택공사를 소요 예정일수에 맞추어 공사를 끝내도록 하기 위한 작업이 필요한데 이를 공정관리라 한다. 공정이란 공종별로 독립된 작업수행을 하는 것이 아니라 다른 작업과의 관련성을 고려하여 작업진척을 이루는 것을 말한다. 공사 제 조건을 반영하여 정해진 일수에 공사가 차질 없이 진행되도록 계획을 최적화하는 것이 공정계획의 목적이다. 이를 위하여 고려하여야 할 주요 사항은 공사를 작업내용별로 세분화, 세분화한 작업에 대한 적합한 작업방법 및 수단의 결정, 공사조건에 맞는 기본작업의 선정, 발생 가능한 여러 현상 등에 대한 예방 수단의 공정에의 반영, 경제성이 반영된 공정계획의 수립 등이다.

이상과 같은 각 작업을 종합화하여 전체 공정이 수립되도록 하되 세부적으로 검토된 기본작업들이 효과적으로 종합화되도록 한다.

제 6 장 전원주택 설계도

1. 주요설계과정
2. 제3세대 전원주택 설계

제 6 장 전원주택 설계도

1. 주요설계과정

1.1. 기획설계

설계조건 파악을 위한 조사, 분석, 검토, 정리 등의 단계이며 조건 파악 단계라 할 수 있다. 설계자는 전원주택 건축주가 요구하는 제 조건을 명확히 하고 이를 설계조건으로 정리하여야 한다.

1.2. 계획설계

기획설계에서 조사된 내용을 바탕으로 부지의 구체적인 분석, 전원주택의 형상, 크기, 공간 기능배분 등을 스케치화한다. 건축물의 초기적 단계의 표현이라 할 수 있다.

계획단계에서 반영하여야 할 주요 내용은 도로와 출입구의 관계, 실내공간의 배치, 전원주택 건축주의 요구조건 등이다.

(1) 배치계획도

전원주택 배치계획을 다양하게 구상할 수 있는데 이에 대한 기본 접근방법을 〈그림 6-1〉에서 보여주고 있다.

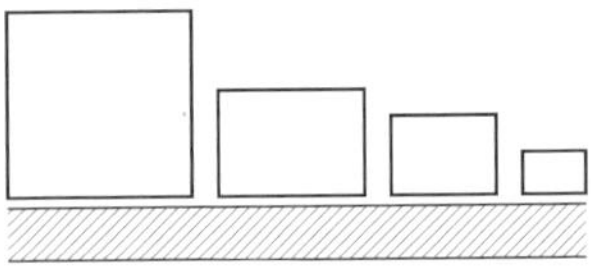

• 전원주택 개체의 크기가 다른 경우 도로면에 일치시켰을 때의 배치(외부정렬)

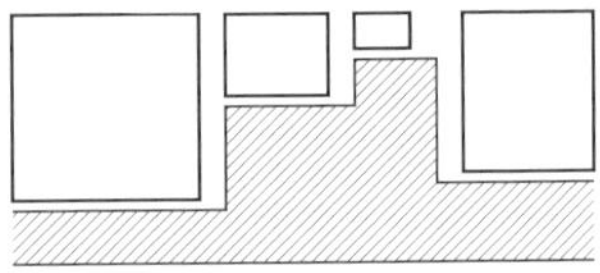

• 전원주택 개체의 크기가 다른 경우 도로면에서의 접근을 개별적으로 할 경우(내부정렬)

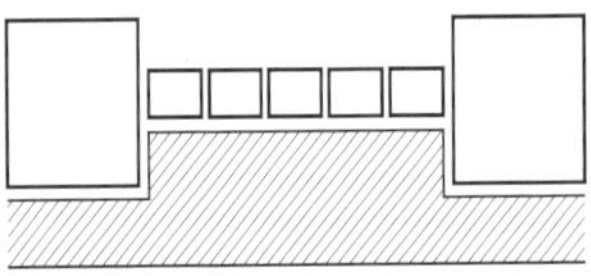

• 전원주택 개체가 대칭적인 형태가 있는 경우의 배치

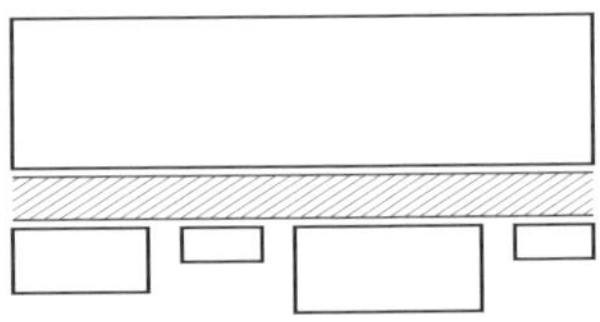

• 전원주택의 규모가 다양하며 도로를 기준으로 양쪽으로 접근이 가능한 경우의 배치

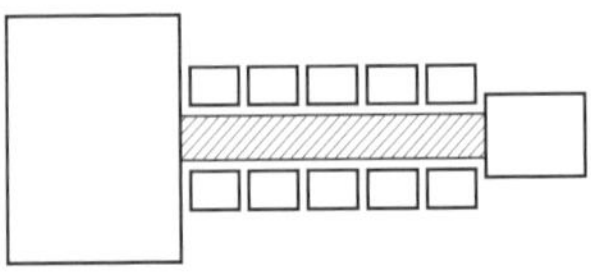

• 전원주택 접근도로가 개별주거의 연락통로가 되게 하는 배치

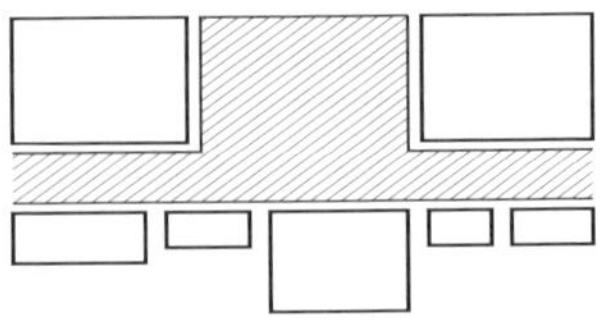

• 전원주택을 다양한 조망을 위해 산포시키는 배치

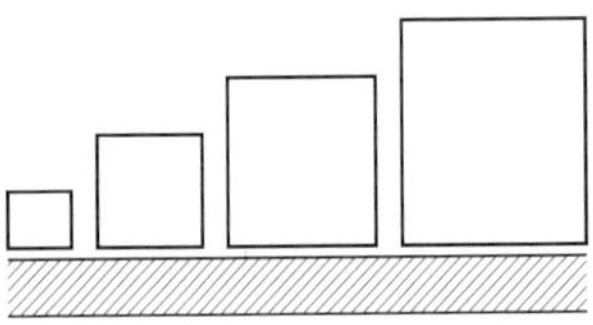

• 전원주택을 규모에 따라 위계화시키는 배치

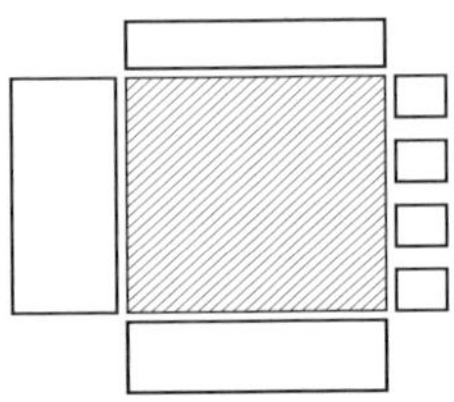

• 전원주택 단위세대들로 하여금 중정을 공유하게 하는 배치

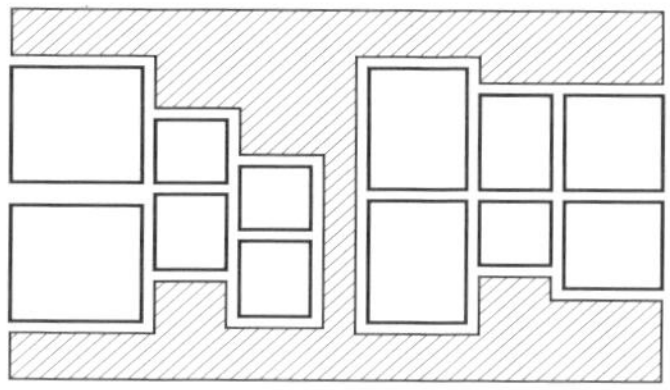

• 전원주택 개별 주거단위를 개별적으로 접근할 수 있도록 한 배치(단지형)

• 전원주택 개별 주거단위를 격자형 가로로 접근하도록 한 배치

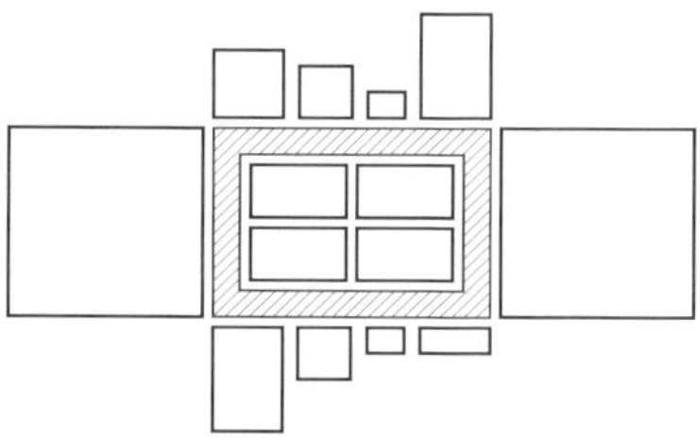

• 환상형의 가로를 이용한 전원주택 배치

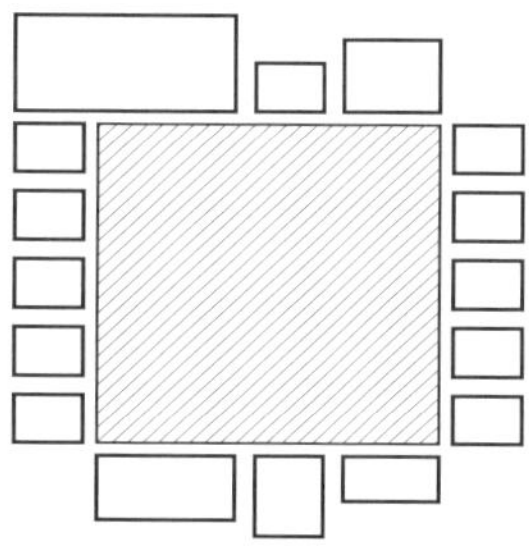

• 소규모 전원주택 개별 주거를 중정 형식으로 배치

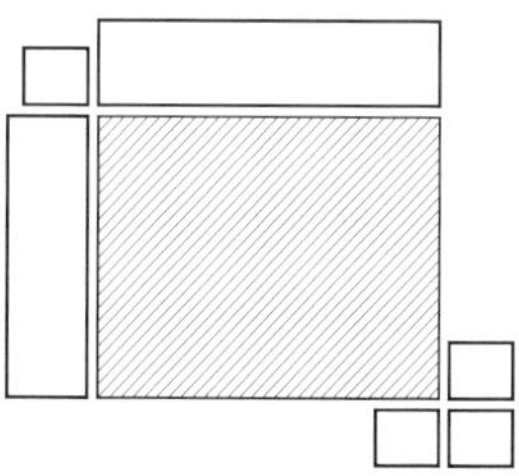

• 중정의 개념을 도입한 배치계획이나 조망을 확보하도록 일부 면을 공간으로 한 배치

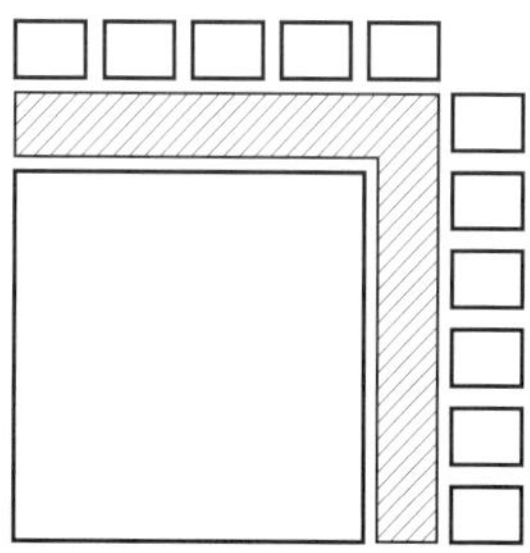

• 격자형 가로배치를 접근로 양면에 전원주거를 배치한 경우, 조망은 불리

<그림 6-1> 배치계획의 종류

(2) 형태결정

전원주택 개별 주거단위의 형상을 결정할 때 고려하고 반영되는 요소는 일조와 채광에 따른 전원주택의 형태인데 이를 고려한 전원주택의 여러 타입을 〈그림 6-2〉~〈그림 6-5〉에서 보여주고 있다.

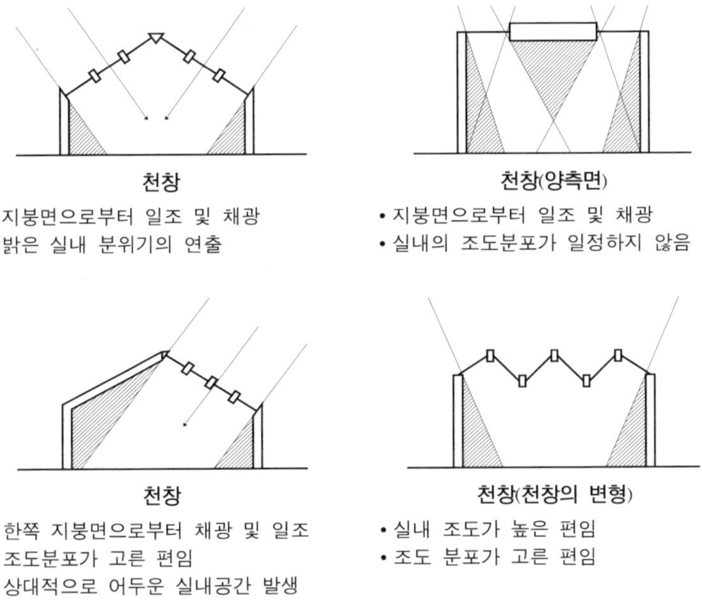

<그림 6-2> 자연채광의 형태(천창 단면)

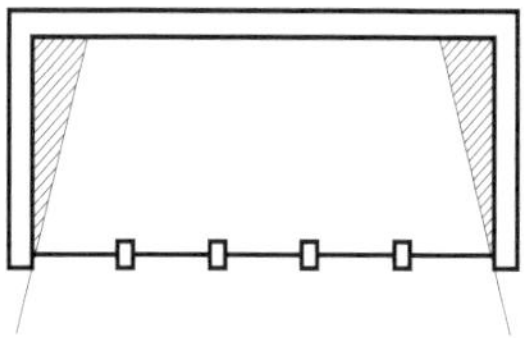

측창

- 벽체의 한쪽 면을 전부 채광면으로 한 경우
- 일조 및 채광량이 많다.
- 실내 조도분포가 일정하다.

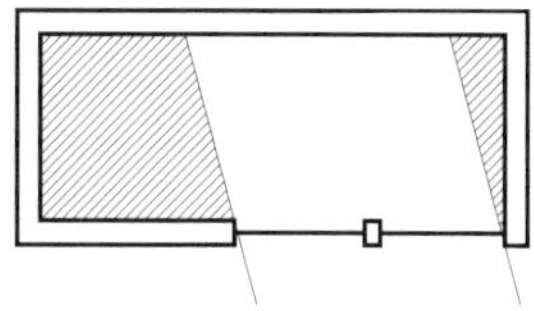

반측창

- 벽체의 한쪽 면 일부를 채광면으로 한 경우
- 실내 조도분포가 일정하지 않다.

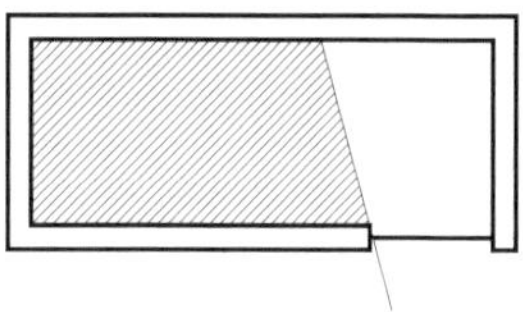

모서리 측창

- 벽체 한쪽 면의 모서리에 측창을 설치
- 전반적으로 실내의 조도가 낮다.
- 특수한 실내 분위기를 연출할 때 사용

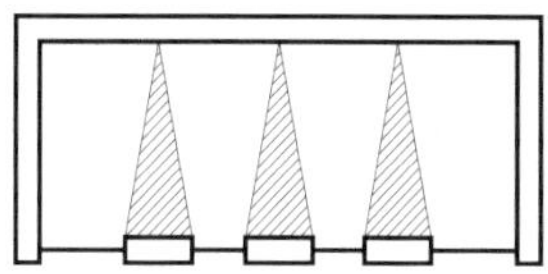

길이 측창

- 벽체면에 측창을 수직방향으로 길게 창 모양 낸다.
- 실내 깊숙한 부분까지 채광이 된다.
- 실내 조도가 높다.
- 경건한 분위기가 연출된다.

<그림 6-3> 자연채광의 형태(측창 평면)

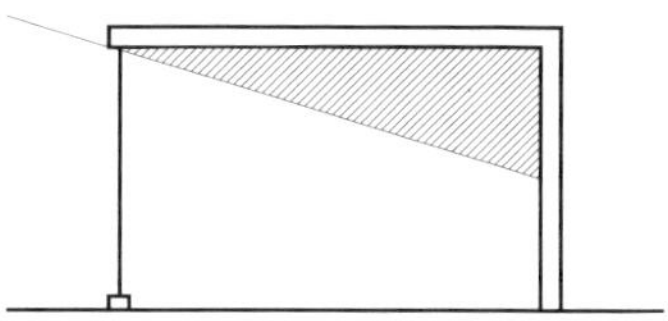

전측창

- 한쪽 벽면의 천창높이부터 바닥까지 채광을 위한 창호 설치
- 실내 조도가 높은 편이다.

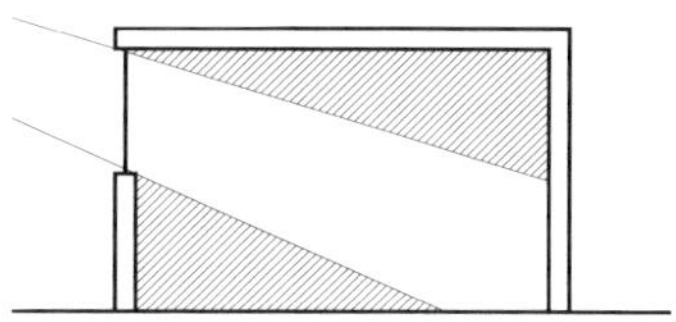

고측창

- 벽면의 상단부의 가로방향(옆방향)으로 길게 창호 설치
- 채광이 실내 깊숙한 부분까지 획득
- 실내 조도가 고르지 않은 편이다.

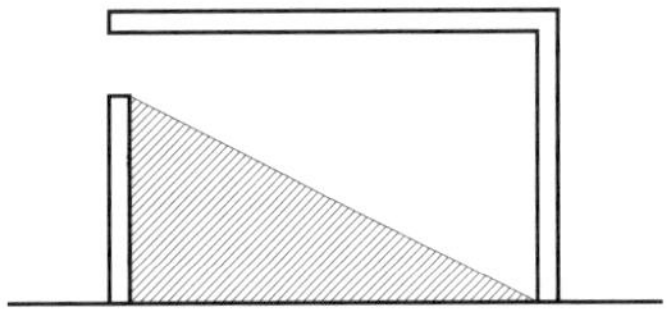

상단측창

- 벽면의 최상단부 가로방향(옆방향)으로 좁고 길게 설치
- 실내 전반적으로 조도가 낮다.
- 특수한 분위기를 연출하고자 할 때 사용

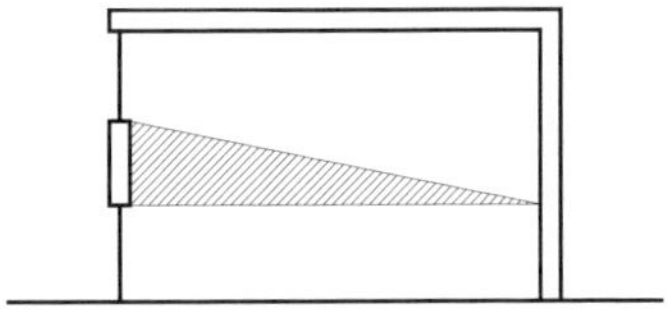

고저측창

- 벽면의 상단부와 하단부에 가로방향(옆방향)으로 길게 창호 설치
- 부분적으로 조도가 고르지 못한 실내 분위기를 개선하는 효과가 있다.

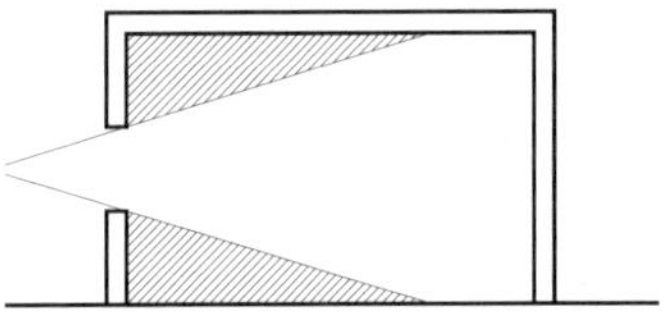

중측창

- 고저측창의 중간 실내부위의 조도를 개선하는 데 사용
- 실내 전반적으로 조도가 일정치 않다.

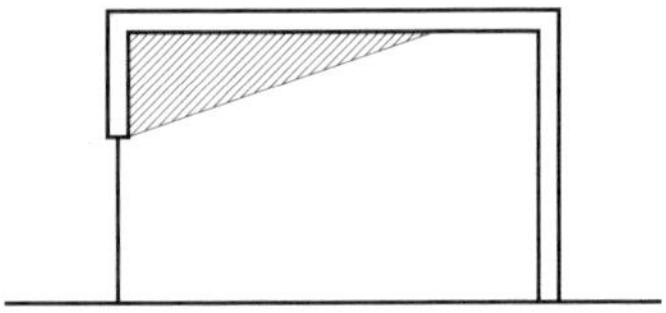

하단측창

- 실내 조도가 비교적 일정한 채광방식이다.
- 전반적으로 차분한 실내 분위기를 연출한다.

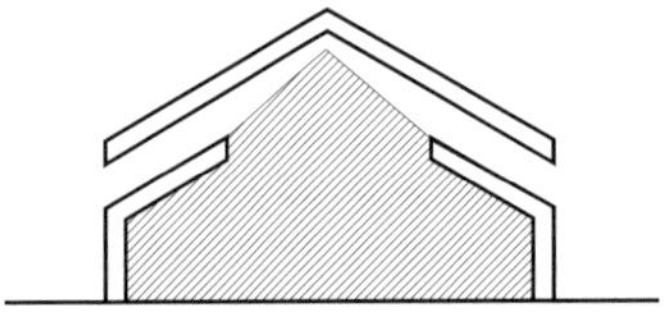

측창 간접채광

- 실내 조도가 전반적으로 고른 분포를 갖는다.
- 차분하고 가라앉은 실내 분위기를 연출한다.

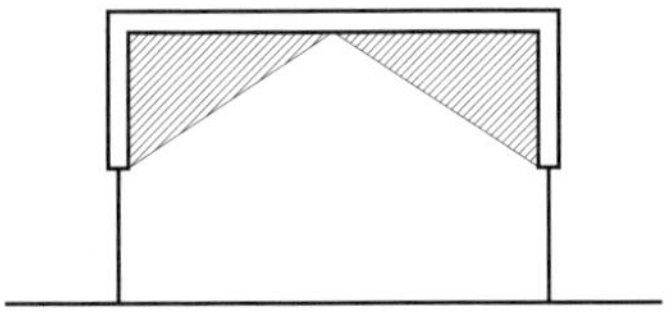

양면 하단측창

- 실내 조도가 전반적으로 고른 분포를 갖는다.
- 밝고 명랑한 분위기를 연출한다.

<그림 6-4> 자연채광의 형태(측창 단면)

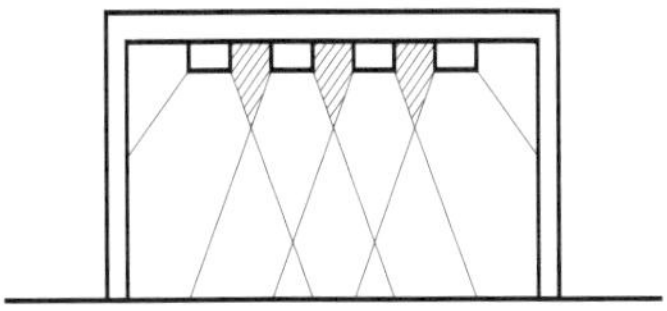

일반조명

- 일반적인 실내조명의 형태
- 고른 조도를 유지
- 그림자가 생기지 않는다.

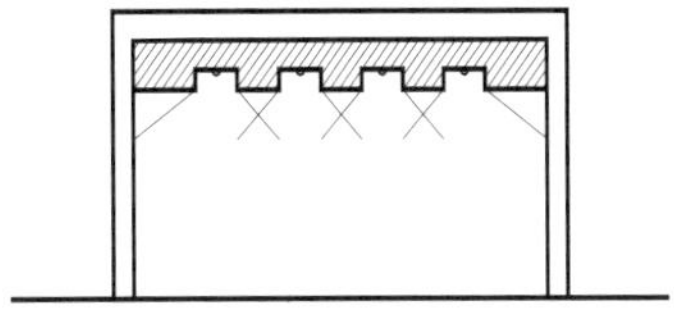

천창인입조명

- 일반조명과 같이 보편적으로 많이 사용하는 방식
- 고른 조도를 유지
- 그림자가 생기지 않는다.

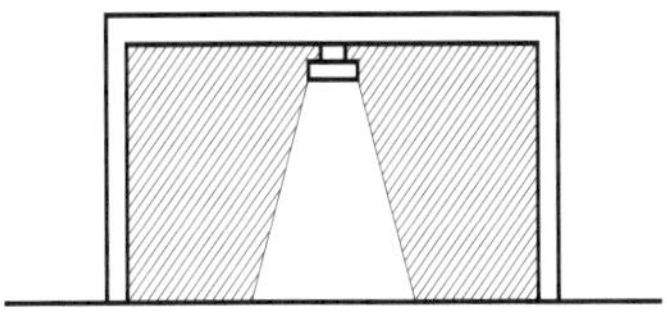

집중조명

- 특정한 부위의 명도를 높이고자 할 때 사용
- 특정한 목적의 용도(전시 등)

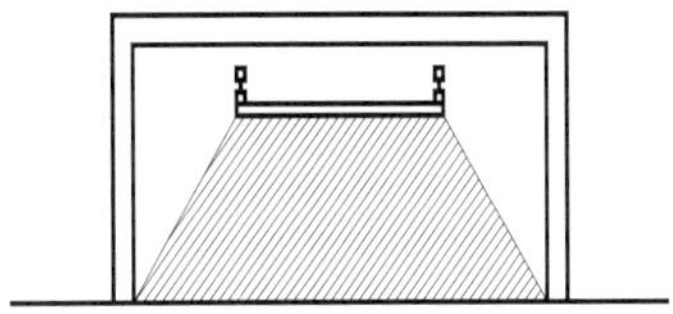

천창간접조명

- 실내조도가 비교적 낮다.
- 차분한 실내 분위기 유지
- 벽면을 전시면으로 이용코자 할 때 사용

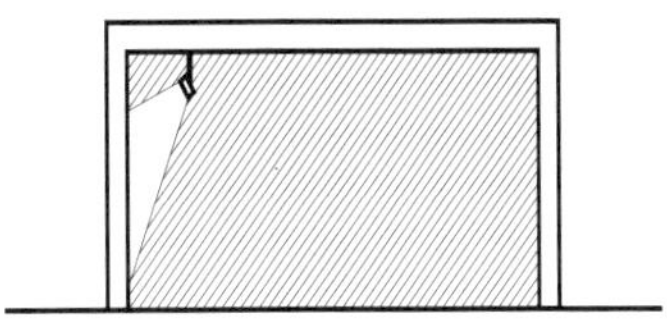

벽체조명

- 특정한 벽면 부위를 집중적으로 조명하고자 할 때 사용
- 조명이 되지 않는 실내공간은 조도가 낮다.

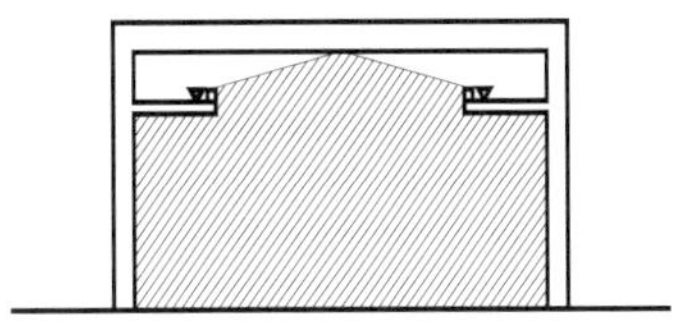

천창인입간접조명

- 전반적으로 실내 조도가 상당히 낮다.
- 실내 분위기가 차분하다.

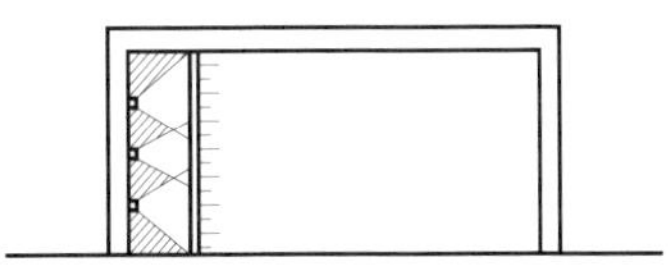

벽체투명조명

- 한국의 전통 한지창호를 사용한 느낌을 준다.
- 벽면이 스크린 역할을 한다.
- 비교적 조도가 낮다.

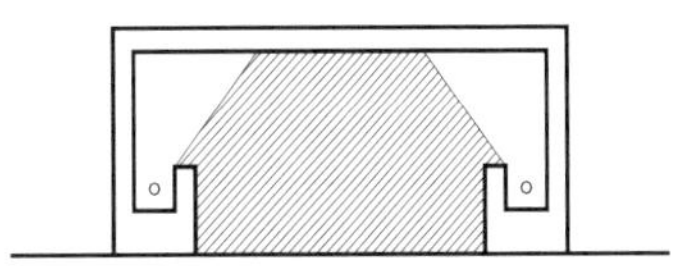

벽체간접조명

- 실내 전반적으로 조도가 낮다.
- 빛이 부드러운 편이다.
- 차분한 실내 분위기를 연출한다.

<그림 6-5> 인공조명의 형태

1.3. 기본설계

전원주택의 구조, 규모, 형태, 치수, 사용재료 등을 기능적인 면에서 결정하고 구체적인 도면으로 작성하는 단계이다.

이 단계에서는 생태학이나 심리학적 측면에서 인간 상호 간의 거리를 인식할 수 있는 범위가 결정된다. 이에 따른 인간의 필요 공간량이 설정되는데 인간의 심리적 · 문화적 요구에 의한 공간치수라는 공간량이 설정된다.

기본설계에 의한 전원주택의 기본 평면도의 예는 〈그림 6-6〉~〈그림 6-7〉과 같다.

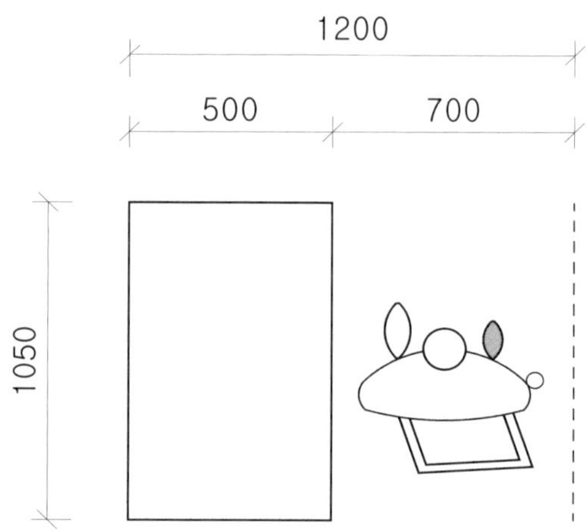

(a) 책상작업 소요치수(1.26m² 기준)

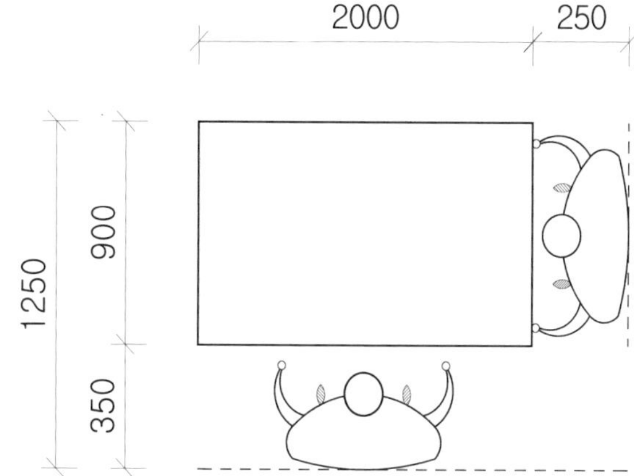

(b) 침실에서의 소요치수(2.82m² 기준)

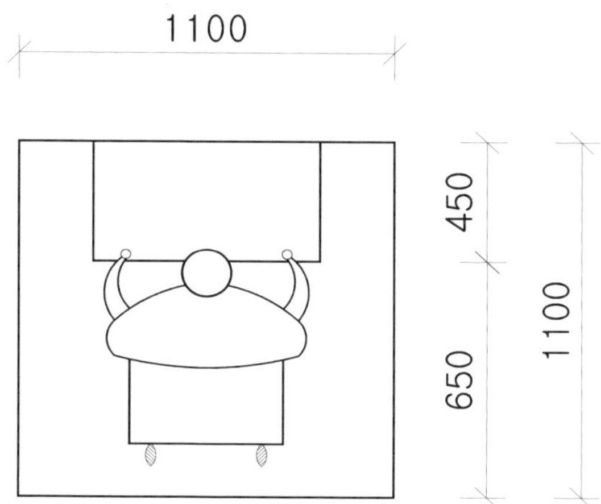

(c) 세면대의 소요치수(1.21m² 기준)

<그림 6-6> 단순 생활공간에서의 소요치수

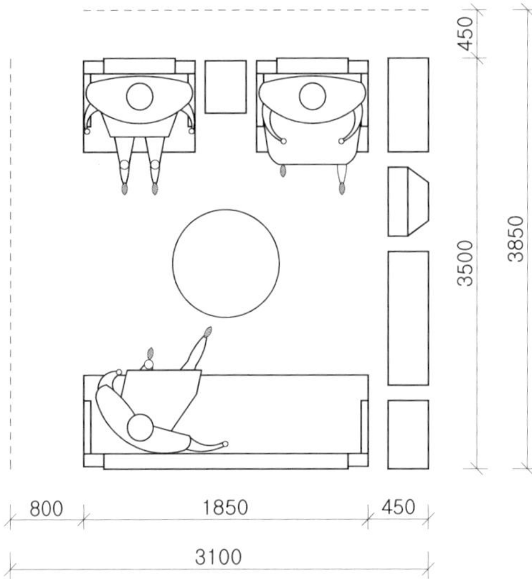

(a) 거실에서의 소요치수(담소, 모임, 친교 시 12.3m^2 기준)

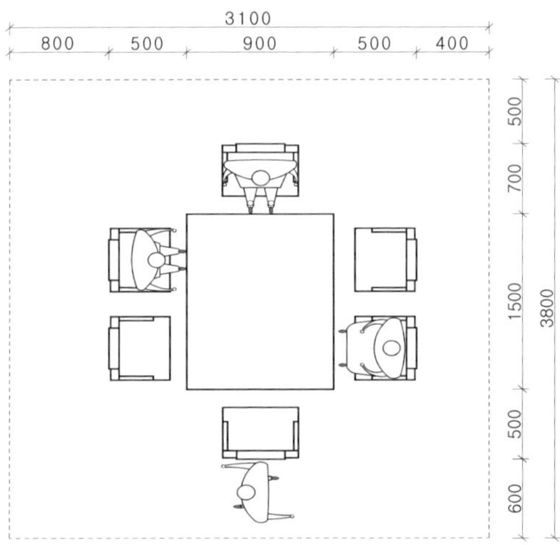

(b) 식당공간에서의 소요치수(11.8m^2 기준)

<그림 6-7> 거실 및 식당에서의 소요치수

1.4. 실시설계

기본설계내용을 바탕으로 한 공사실시 도면을 작성하는 단계이다. 실시설계도서는 전문적이며 기술적인 표현이 많아 해당 전문지식을 필요로 한다.

1층 평면도

<그림 6-8> 노인방과 어린이방을 인접시킨 평면도

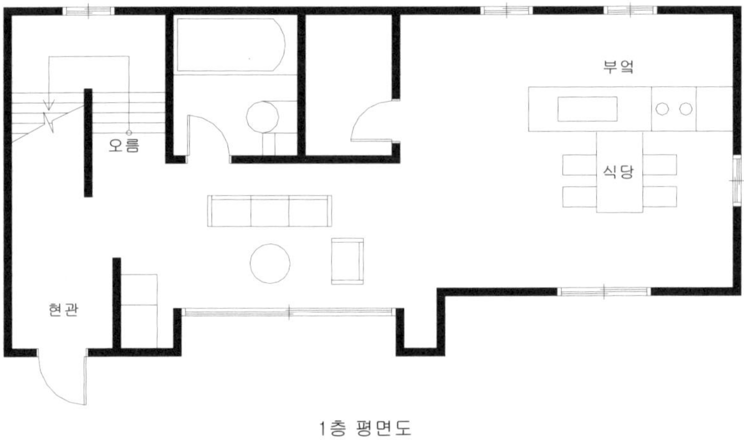

<그림 6-9> 거실과 주방, 식당을 1층에 연계시킨 평면도

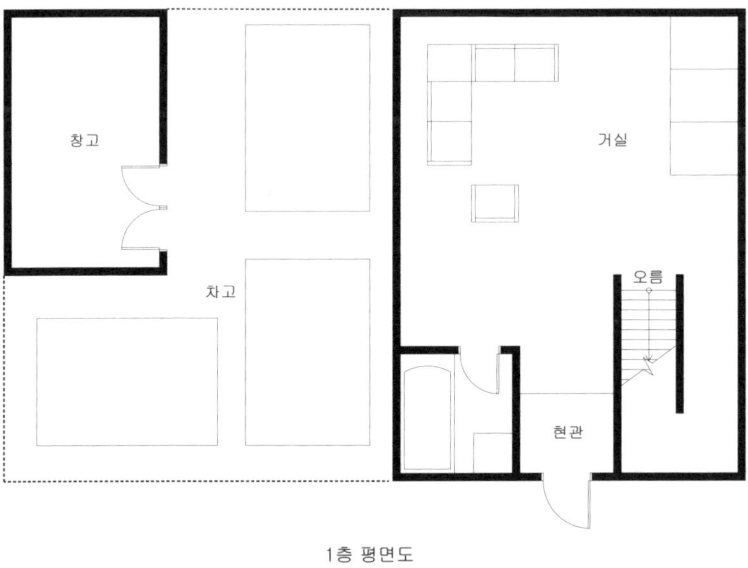

<그림 6-10> 1층에 피로티 차고를 설치한 평면도

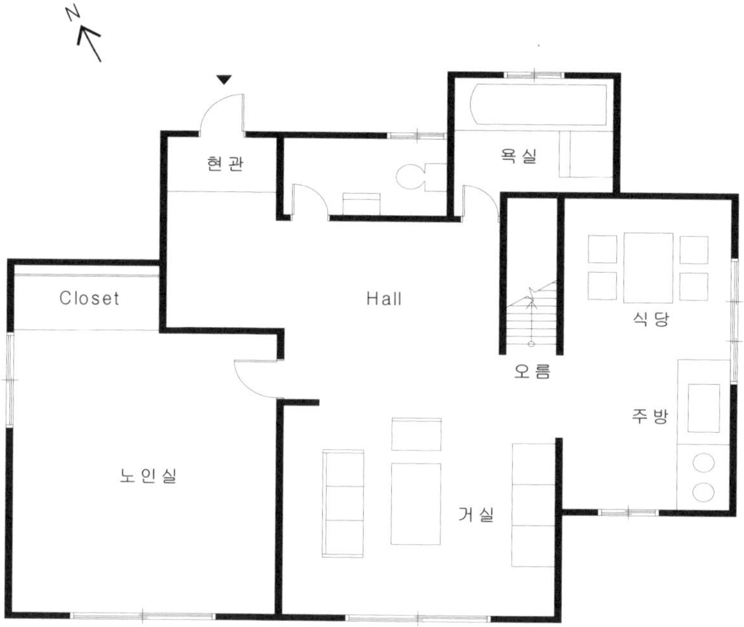

1층 평면도

<그림 6-11> 노인실을 1층에 배치한 평면도

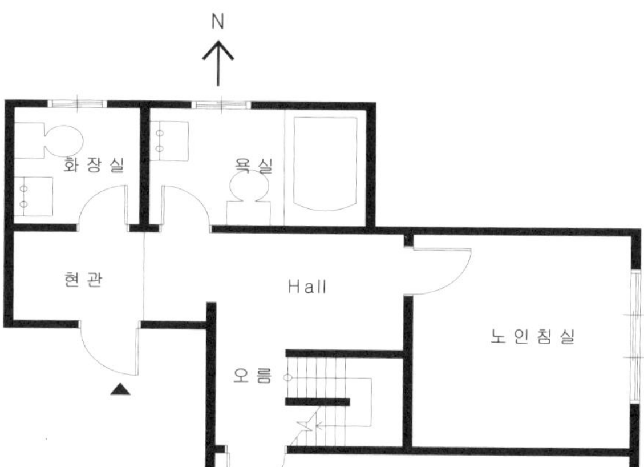

1층 평면도

<그림 6-12> 노인실과 부부침실을 1층에 배치한 평면도

2. 제3세대 전원주택 설계

제3세대 전원주택 설계는 평면형식에 따라 편복도형, 중복도형, 중앙홀형, 코어형, 중정형, 일실형, 분리형, 회랑복도형 등으로 구분된다. 입면형식으로는 단층형, 중층형, 공정형, 스킵플로어형, 필로티형 등으로 구분된다.

또한, 미적 측면에서 한국적이고 현대적인 전원주택, 개성적인 전원주택, 친근감을 주는 전원주택, 고전적이고 온화한 전원주택, 품위가 있는 전원주택, 재미있게 구성된 주택, 환경친화적 주택, 자연미가 있는 주택 등으로 구분된다.

(1) 기능계획

전원주택공간 상호 간의 연결 및 통합을 표현하는 단계이다. 기능도는 건축공간의 연결을 구체화하는 데 편리하다. 여러 실의 종류와 기능을 그룹화하여 전체적인 배치계획을 나타내도록 한다.

(2) 동선계획

사람, 물건 및 차량 등의 움직임을 선으로 궤적화한 것을 동선계획이라 한다. 동선은 보행거리, 빈도 등을 선으로 나타낸 것으로 짧고 단순한 것이 좋다.

(3) 평면계획

기능도 및 동선도를 통해 구체화된 공간을 정리하는 단계이다. 각 실의 방위 및 상하층과의 관계 등을 충분히 검토하여야 한다. 부지

내외의 고저차, 지형, 도로와의 관계 등을 고려하여 평면계획에 반영되도록 한다.

(4) 입면 및 단면계획

미적 측면, 구조적 측면, 재료적 측면 등을 종합적으로 반영하여 정면, 측면, 배면 등의 형태를 결정하는 단계이다.

(5) 형태계획

전원주택은 공간의 성격, 지형과의 관계, 조형성, 주변환경 등을 반영하여 평면적인 형태와 입면적인 형태가 결정된다. 이와 같은 형태가 결정되면 건축물의 표면마감, 재료, 질감, 명암, 색채 등이 결정되게 된다.

이상과 같은 단계에 따라 평면형식과 입면형식의 형태에 따른 전원주택 형태를 분류하면 〈그림 6-13〉~〈그림 6-58〉과 같다.

〈그림 6-13〉 1층 거실 및 주방, 식당을 배치한 설계

<그림 6-14> 피로티형 전원주택의 예

<그림 6-15> 외기면을 많이 사용하기 위한 베란다를 강조한 설계

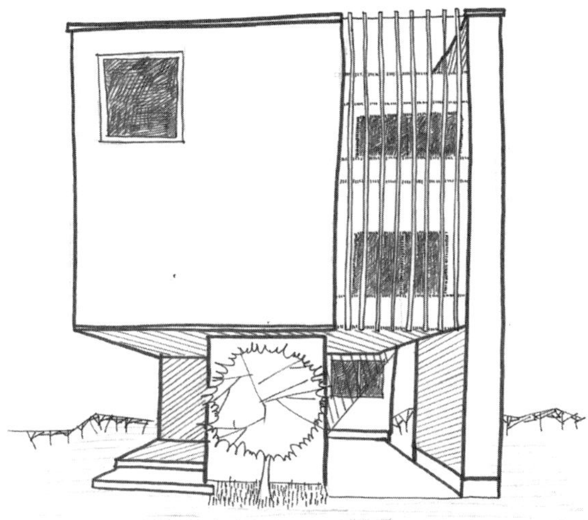

<그림 6-16> 피로티형 전원주택의 예 II

<그림 6-17> 피로티형 전원주택의 예 III

<그림 6-18> 중앙현관, 좌우대칭형 전원주택

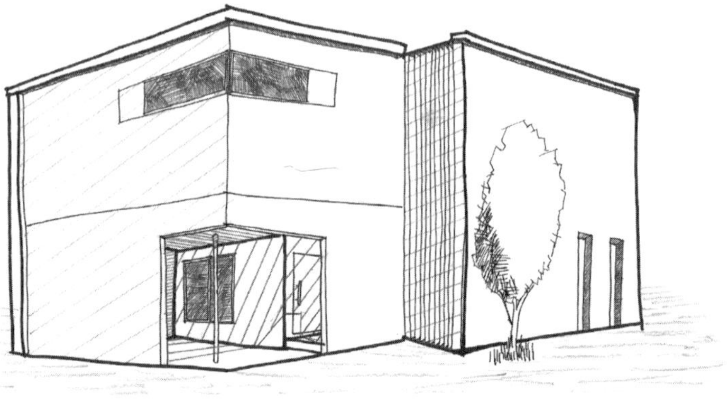

<그림 6-19> 구형 평면의 단순한 형태를 지향한 전원주택

<그림 6-20> 2, 3층 돌출형 전원주택 I

<그림 6-21> 2, 3층 돌출형 전원주택 II

<그림 6-22> 1층 노인실 + 거실형 전원주택 예 I

<그림 6-23> 피로티형 전원주택의 예 IV

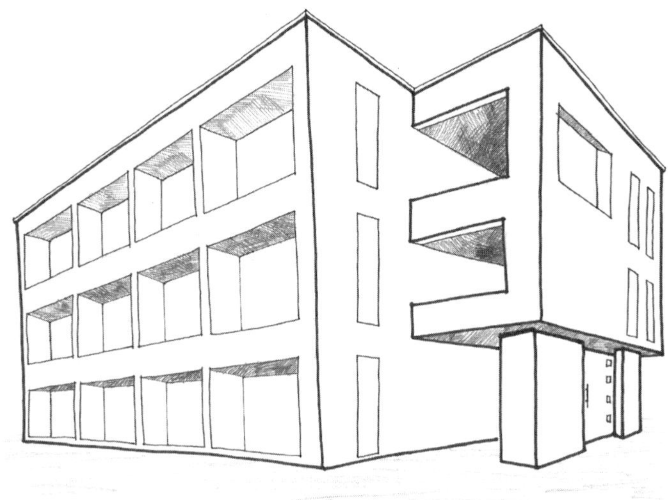

<그림 6-24> 다세대 거주 가능형 전원주택 설계 I

<그림 6-25> 다세대 거주 가능형 전원주택 설계 II

<그림 6-26> 피로티형 전원주택의 예 V

<그림 6-27> 거실을 정원 조망에 유리하게 배치한 설계

<그림 6-28> 피로티형 전원주택의 예 VI

<그림 6-29> 단순 구형의 외관을 지향한 설계 I

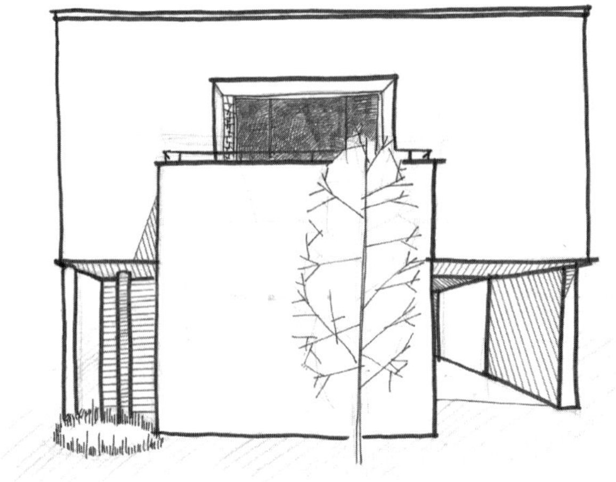

<그림 6-30> 단순 구형의 외관을 지향한 설계 II

<그림 6-31> 1층의 거주공간을 확장한 설계

<그림 6-32> 2층에 리빙 스페이스를 둔 설계

<그림 6-33> 작은 규모의 전원주택

<그림 6-34> 단독형 전원주택의 예 I

<그림 6-35> 피로티형 전원주택의 예 VII

<그림 6-36> 작은 규모의 단순구형 전원주택

<그림 6-37> 1층에 리빙 스페이스 면적을 많이 둔 전원주택

<그림 6-38> 1층 노인실 + 거실형 전원주택 예 II

<그림 6-39> 2층에 침실 및 개인실을 배치한 전원주택

<그림 6-40> 단독형 전원주택의 예 II

<그림 6-41> 1층 거실 + 식당 + 주방 + 부부침실형 전원주택

<그림 6-42> 2층 거실배치형 전원주택

<그림 6-43> 단독형 전원주택의 예 III

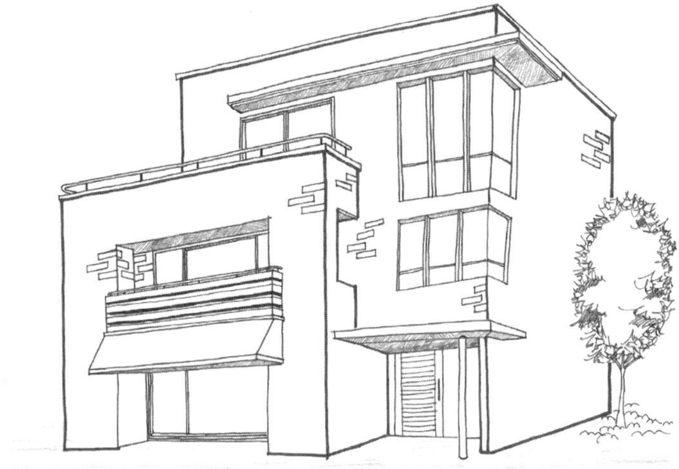

<그림 6-44> 거실 조망권 확보를 강조한 설계

<그림 6-45> 단독형 전원주택의 예 IV

<그림 6-46> 옥상 조망 베란다 강조형 설계

<그림 6-47> 현관 접근(approach)을 조형적으로 설계한 전원주택

<그림 6-48> 단독형 전원주택의 예 V

<그림 6-49> 단순 외형을 강조한 설계

<그림 6-50> 침실의 조망권을 강조한 설계

<그림 6-51> 베란다를 이용한 조망권을 강조한 설계

<그림 6-52> 좌우 대칭형 전원주택

<그림 6-53> 1층 차고배치 공간을 강조한 설계

<〈그림 6-54〉 2층, 3층의 조망권을 강조한 설계

〈그림 6-55〉 차고와 현관을 조화시킨 설계

<그림 6-56> 피로티형 전원주택의 예 Ⅷ

<그림 6-57> 3층 베란다 조망권을 강조한 설계

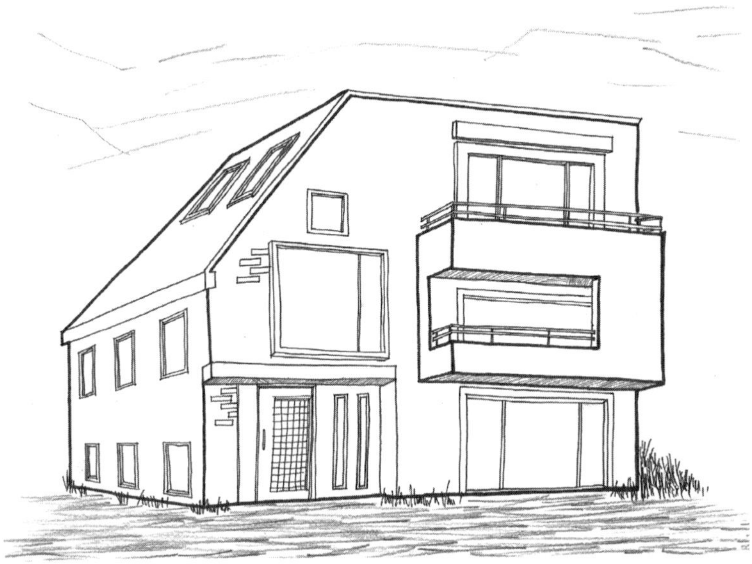

<그림 6-58> 건축법의 사선제한 적용 설계

참고문헌

이명호, 『주거론』, 광림사, 1974.

이중환, 『택리지』, 을유문고.

정인국, 『한국건축 양식론』, 일지사, 1974.

조성기 · 김일진, 『주거학』, 동명사, 1980.

주남철, 『한국주택건축』, 1980.

주종원, 『주거설계』, 형설출판사, 1981.

천병옥, 『한국전통건축 의장자료』, 보진재, 1998.

Boyed, *The Puzzle of Architecture*, Melbourne Univ. Press, 1965.

Ching, *Architecture; Form, Space & Order*, Van Nostrand Reinhold Co., 1979.

Dorothy Stepat-De Van, *Introduction to Interior Design*, Macmillan, 1980.

Doxiadis, *Architecture in transition*, Hutchinson & Co., 1963.

Eckbo, *The Art of Home Landscaping*, Dotge, 1956.

Hanks, *The Decorative Design of Frank Lloyd Wright*, E.P. Dutton, 1979.

John Brooke, *Room Outside*, Thames & Hudson, 1968.

Kaufmann, *What is modern Interior Design?*, Museum of modern Arts, 1953.

Kate Ellen Rogers, *The Modern House*, Harper & Row, U.S.A., 1962.

찾아보기

저자 소개

박근준(朴根俊) 서울대학교 공과대학 건축학과 졸업
서울대학교 대학원 건축학과 졸업(공학박사)
현재 호서대학교 건축공학과 교수

아산재단 연구보고서 제125집
경제적인 3세대 전원주택 개발 값 10,000원

2010년 3월 5일 1판 1쇄

저 자 박 근 준
발 행 인 임 경 환
발 행 처 **집 문 당**
주 소 413-756 경기도 파주시 교하읍 문발리 514-7(본사)
110-360 서울시 종로구 와룡동 95번지(서울사무소)
등 록 1971. 3. 23. 제2-304호
영 업 부 (02)743-3192~3 팩스(02)742-4657
전자우편 sale@jipmoon.co.kr
편 집 부 (02)743-3096 팩스(02)743-3097
전자우편 edit@jipmoon.co.kr
홈페이지 www.jipmoon.co.kr

ISBN 978-89-303-1420-6

이 도서의 국립중앙도서관 출판시도서목록(CIP)은 e-CIP 홈페이지
(http://www.nl.go.kr/ecip)에서 이용하실 수 있습니다.(CIP제어번호: CIP2010000580)

아 | 산 | 재 | 단 | 연 | 구 | 총 | 서

1 전환기의 중국경제
김윤환 외 | 단국대 경제학과

2 폴란드 경제의 변천 개혁과 그 전망
김광수 | 숭실대 경제학과

3 재소한인
이광규 외 | 서울대 인류학과

4 소련산림과 임업
홍성천 외 | 경북대 임학과

5 아세안의 정치경제
김국진 외 | 외교안보연구원

6 태국의 사회변동과 경제발전
최석만 외 | 전남대 사회학과

7 중국의 사회경제 통계분석
신한풍 외 | 고려대 통계학과

8 중국의 정치와 경제
박두복 외 | 외교안보연구원

9 동유럽의 개혁과 시장경제의 도입
허만 외 | 부산대 사범대학

10 동유럽의 개혁운동
박영신 | 연세대 사회학과

11 현대 러시아 연구
기연수 외 | 한국외대 노어과

12 전략적 선택과 기업의 국제경쟁력
이장호 | 서강대 경영대학

13 협동사회의 정착과 정부의 역할
이종범 외 | 고려대 행정학과

14 한국 제조기업 생산성의 동적 분석
노부호 외 | 중앙대 경영대학

15 분배의 정의
변형윤 외 | 서울대 경제학과

16 도덕적 행동의 강화
이훈구 외 | 연세대 심리학과

17 관료부패와 통제
김해동 외 | 서울대 행정대학원

18 한국경제의 내실 있는 성장
정창영 외 | 연세대 경제학과

19 한국국민정신운동의 역사와 발전방향
박수명 외 | 부산대 사범대학

20 한국대학생의 가치성향과 상담효과
이영희 외 | 숙명여대 교육학과

21 가출청소년과 학교관리체제
안창규 외 | 부산대 교육학과

22 동북아 정세변화와 한 · 일관계
한승조 외 | 고려대 정치외교학과

23 언론과 부정부패
정대철 외 | 한양대 신문방송학과

24 한국의 고등학교 교육
이원호 외 | 부산대 교육학과

25 가족과 방송
김학수 외 | 서강대 신문방송학과

26 재정개혁의 전망과 재산세제의 개편 과제
오연천 | 서울대 행정대학원

27 청소년을 위한 전자게임 프로그램의 규제 및 평가체계 개발
박혜원 외 | 울산대 가정관리학과

28 정신장애자 가족의 사회심리적 특성
이근후 외 | 이화여대 의과대학

29 가족의 관계역동성과 문제인식
이광규 외 | 서울대 인류학과

30 현대인과 한국전통음식
승정자 | 숙명여대 식품영양학과

31 기업의 초고속정보통신망활용
안중호 | 서울대 경영학과

32 지역발전을 위한 교육자치제의 개선방안
김남순 | 조선대 사범대학

33 전환기의 공무원 가치관
조경호 | 울산대 행정학과

34 지방자치와 사회복지의 과제
김영모 | 중앙대 사회복지학과

35 WTO체제하의 지방중소기업 지원정책
최명주 외 | 계명대 통상학부

36 현대한국의 시민운동
이효선 | 중앙대 사회학과

37 기업 세계화의 단계 및 정도의 측정
허영도 외 | 울산대 경영학과

38 가족복지를 위한 가족주치의 시범사업의 효과
이혜리 외 | 연세대 가정의학교실

39 한국대학생의 삶의 만족도
김재은 외 | 이화여대 교육심리학과

40 지역경제와 지역산업구조의 개편방향
정기화 외 | 전남대 경제학부

41 중국기업의 소유형태별 경영특성
노철화 외 | 부산대 무역학과

42 남북한의 인성 · 사상교육
한승조 외 | 고려대 정치외교학과

43 연계적 뇌기능 조언을 위한 의료용 멀티미디어 시스템의 설계
유선국 | 연세대 의용공학교실

44 다민족국가의 민족문제와 한인사회
최협 외 | 전남대 인류학과

45 저소득층지역 청소년 여가문화와 소집단 활성화
박문수 외 | 서강대 사회학과

46 삶의 질의 국제비교와 지역간 비교분석
이재기 외 | 울산대 경제학과

47 21세기 지역주민의 삶의 질
양종회 외 | 성균관대 사회학과

48 삶의 질에 대한 국가간 비교
조명한 외 | 서울대 심리학과

49 외국인 노동자의 노사관계와 사회적 적응
석현호 외 | 성균관대 사회학과

50 한국의 사법제도와 발전 모델
정종섭 | 건국대 법학과

51 고령화사회와 중상층 노인의 사회활동
조성남 외 | 이화여대 사회학과

52 한국의 서비스 시장 개방정책
한홍렬 | 한양대 경제학부

53 한국과 AFTA간의 교역증진 및 경제 협력방안
손일태 외 | 경희대 경제통상학부

54 물류비 절감을 위한 무역업체의 정보화전략
이영수 외 | 경북대 경제통상학부

55 사회주의 체제전환과 사회정책
오정수 외 | 충남대 사회복지학과

56 남북통일 이후 농업생산체계 개편
홍성규 외 | 건국대 농업경제학과

57 국제화와 세계화
하영선 외 | 서울대 외교학과

58 IMF 개혁정책의 평가와 한국경제의 신(新) 패러다임
조동근 | 명지대 경제학과

59 구조개혁과 실업대책
박동운 | 단국대 경제무역학부

60 21세기 신노사관계
심윤종 외 | 성균관대 사회학과

61 학교에서의 집단 따돌림
이춘재 외 | 가톨릭대 심리학과

62 한국노인의 정신건강실태와 건강증진
조맹제 외 | 서울대 의과대학

63 혁명과 개혁 속의 중국 농민
김광억 | 서울대 인류학과

64 중국의 경제환경과 한국기업의 진출 전략
지용희 외 | 서강대 경영학과

65 김대중 대통령의 시스템 사고
김동환 | 중앙대 공공정책학부

66 실업과 가족해체
최일섭 외 | 서울대 사회복지학과

67 합리적 부채비율 조정방안
오상근 | 동아대 경제학과

68 한국 중산층의 생활문화
문숙재 외 | 이화여대 소비자 · 인간발달학과

69 계층간 갈등상태에서 최적소득세
김진욱 | 건국대 경상학부

70 글로벌 경쟁력 제고를 위한 기업전략과 조직구축
이만우 외 | 고려대 경영학과

71 의료보험과 국민연금의 관리효율화를 위한 통합방안
사공진 외 | 한양대 경제학부

72 정부개혁의 과제와 전략
박우서 외 | 연세대 행정학과

73 책임운영기관 제도에 관한 비교분석
김근세 | 가톨릭대 행정학과

74 새로운 패러다임하에서의 한국기업의 바람직한 지배구조
최운열 외 | 서강대 경영학과

75 현대 한국사회의 계층구조
양춘 외 | 고려대 사회학과

76 한국의 산업정책과 산업구조조정
강인수 | 숙명여대 경제학부

77 기업구조조정
김석진 | 경북대 경영학부

78 지식경영을 위한 인적자원 개발 및 관리체계
장영철 | 경희대 경영학부

79 뉴 비즈니스 모델
전성현 | 국민대 정보관리학부

80 중산층의 정체성과 소비문화
함인희 외 | 이화여대 사회학과

81 외국관광객 유치를 위한 마케팅 전략
박상규 | 강원대 경영학과

82 한국인의 세대별 문학의식
이동순 | 영남대 국문과

83 공공부문의 효율성 평가와 측정
김재홍 외 | 울산대 사회과학부

84 한국 청소년의 정치의식과 형성요인
김광웅 외 | 숙명여대 아동복지학과

85 한국 대학생의 정치의식
배한동 | 경북대 윤리교육과

86 산업의 정보화와 산업발전
이기동 | 계명대 통상학부

87 한국 제조업의 고용조정 분석
이종원 외 | 성균관대 경제학부

88 지식자산에 대한 경영전략적 평가모형 개발
배재학 외 | 울산대 컴퓨터 · 정보통신공학부

89 관광사업을 위한 한국적 이미지의 휴식복 개발
채금석 | 숙명여대 의류학과

90 한국 정치제도의 개혁
신정현 | 경희대 사회과학부

91 e비즈니스와 아웃소싱 전략
정승화 외 | 연세대 경영학과

92 집단 따돌림의 진단 및 치료방안
홍준표 | 중앙대 인간생활환경학과

138 경제위기와 청소년 발달
구인회 | 서울대 사회복지학과

139 생명과학기술의 응용과 기본권보호적 한계
정상기 외 | 한남대 법학과

140 경제발전과 정치환경의 한 · 일 비교분석
정갑영 외 | 연세대 동서문제연구원

141 한국 공교육의 진단
윤정일 외 | 서울대 교육학과

142 우리나라 지방자치 발전을 위한 자치단체장의 역할
정성호 외 | 경기대 사회과학부

143 의료보험제도의 개혁방안
권순원 | 덕성여대 경제학과

144 중등 도덕교육의 현실과 문제
손동현 외 | 성균관대 철학과

145 사이버공동체 발전론
이명식 | 상명대 경영학과

146 남북경협 확대에 대비한 북한 담보제도의 정비방안
박훤일 | 경희대 법과대학

147 한국 공무원 인사제도 개혁
김판석 | 연세대 행정학과

148 교사화법 교육
임칠성 외 | 전남대 국어교육과

149 세계화의 문화정치학
임혁백 외 | 고려대 정치외교학과

150 효과적인 e-SCM을 위한 의사결정 조정 시스템 모형
이원준 | 성균관대 경영학부

151 환경거버넌스
김종순 외 | 건국대 행정학과

152 자동차산업의 인적자원관리
이덕로 | 서원대 경영학부

153 한국과 영국 간 지식기반산업 비교
이명호 | 한국외대 경영학과

154 한국 벤처기업의 기술네트워킹 및 기술마케팅 전략
장영일 | 인제대 경영학부

155 회사변호사의 윤리
오승종 | 성균관대 법과대학

156 미디어교육론
이정춘 | 중앙대 신문방송학과

157 조선시대 서원과 양반
윤희면 | 전남대 역사교육과

158 환경문제와 철학
박찬국 | 서울대 철학과

159 노인보건복지 이론과 실제
김명 외 | 이화여대 보건교육학과

160 북한의 법체계
권재열 외 | 숭실대 법학과

161 생명공학기술의 안전성 확보에 관한 법적 고찰
이재협 | 경희대 법학부

162 청소년복지학
김성이 외 | 이화여대 사회복지학과

163 변화하는 세계, 변화하는 복지국가
조영훈 | 동의대 사회복지학과

164 의리의 윤리와 한국의 유교문화
김낙진 | 진주교대 도덕교육과

165 미국의 통상정책과 통상법
윤충원 | 전북대 무역학과

166 사회복지 프로그램 평가
김학주 | 경상대 사회복지학과

167 환경주의와 지속가능한 발전
정대연 | 제주대 사회학과

168 무역과 환경
김기홍 외 | 경기대 경제학부

169 산업계 유해폐기물의 위험과 관리
김금수 | 호서대 경상학부

170 백범 김구의 지적 계발과정 탐색
문용린 | 서울대 교육학과

171 태평양전쟁 발발 이후 일제의 인적 지배와 그리스도교계의 대응
윤선자 | 전남대 사학과

172 거버넌스 상황에서 갈등관리를 위한 대체적 분쟁해결제도
서순복 | 광주대 법정학부

173 시장경제의 유형과 민주주의
최배근 | 건국대 경상학부

174 일본고전소설 총론
김현정 | 국립한국전통문화학교

175 국어 교육을 위한 국어 문법론
이관규 | 홍익대 국어교육과

176 율곡의 군주론
전세영 | 부산교대 윤리교육과

177 동북아시아 환경협력
정서용 | 명지대 법학과

178 기후변화협약과 기후정책
신의순 외 | 연세대 경제학과

179 인터넷과 국제 학술정보 네트워크-하이퍼링크 분석
박한우 | 영남대 언론정보학과

180 국내 기업복지의 활성화 방안
최수찬 | 연세대 사회복지대학원

181 세계화와 인간안보
김우상 외 | 연세대 정치외교학과

182 세계문화유산 종묘 이야기
지두환 | 국민대 국사학과

183 한국 평생교육의 사회철학적 과제
곽삼근 | 이화여대 교육학과

184 강점모델
정순둘 | 이화여대 사회복지학과

185 글로벌시대의 계약법
박영복 | 한국외대 법과대학

186 배심제와 시민의 사법참여
안경환 | 서울대 법학과

187 동북아공동체
김재한 | 한림대 정치외교학과

188 정치 참여와 탈물질주의
김욱 | 배재대 정치외교학과

189 퍼지전문가회로망을 이용한 금융기관의 사이버 기업여신결정 지원시스템의 개발
권혁대 | 목원대 경영학과

190 환경정책과 환경법
송인성 | 전남대 지역개발학과

191 포스트모던 시대의 평생교육학
한숭희 | 서울대 교육학과

192 현대 한국인의 세대경험과 문화
박길성 외 | 고려대 사회학과

193 서구의 근로연계복지
김종일 | 건국대 사회복지학과

194 사회복지운동론
현외성 | 경남대 사회복지학과

195 외국의 역모기지 사례
유선종 | 건국대 부동산학과

196 옛이야기와 어린이문학
이지호 | 진주교대 국어교육학과

197 노인사회복지관광의 정책과제와 방안
김창수 | 경기대 관광학부

198 복지서비스의 민간위탁 시스템 분석
김순양 | 영남대 행정학부

199 새로운 빈곤층의 대두와 정부의 정책과제
김진욱 | 건국대 경제학과

200 문화행정론
김정수 | 한양대 행정학과

201 스칸디나비아 노인용 코하우징의 계획과 적용
최정신 외 | 가톨릭대 생활과학부

202 북한의 자연생태계
공우석 | 경희대 지리학과

203 통계로 이해하는 러시아
전홍찬 | 부산대 정치외교학과

204 사회복지법인의 경영과 회계
이동규 | 충남대 회계학과

205 의약분업 정책과정
차흥봉 | 한림대 사회복지학과

206 지역공동체와 평생교육
오혁진 | 동의대 평생교육학부

207 아동보호서비스의 실제
한미현 | 백석대 사회복지학부

208 그린마케팅
박재기 | 충남대 경영학부

209 아동권리와 아동복지
이혜원 | 성공회대 사회복지학과

210 국제 이주와 인도인 디아스포라
김경학 | 전남대 인류학과

211 질병과 의료의 사회학
조병희 | 서울대 보건대학원

212 북한이탈주민의 사회통합을 위한 지역복지실천의 모색
이기영 | 부산대 사회복지학과

213 치매노인케어론
조유향 | 초당대 간호학과

214 노인상담입문
서혜경 외 | 한림대 대학원 사회복지학과

215 '통일 이후 통일과정'으로서의 독일 통일영화
이준서 | 이화여대 독어독문학과

216 중국의 사회보장
오정수 | 충남대 사회복지학과

217 환경자원의 경제적 가치와 환경오염의 사회적 비용
김재홍 | 울산대 사회과학부

218 사회복지프로그램의 경제적 평가방법
박창제 외 | 상주대 사회복지학과

219 자유의지와 결정론
안건훈 | 강원대 철학과

220 심리학자들이 쓴 행복한 결혼의 심리학
채규만 외 | 성신여대 심리학과

221 현대 해석학 강의
양해림 | 충남대 철학과

222 한국인의 주거 빈곤과 공공주택
하성규 | 중앙대 도시 및 지역계획학과

223 IMF 경제위기와 한국 출산력의 변화
김두섭 | 한양대 사회학과

224 동아시아의 영토분쟁과 국제법
이석우 | 인하대 법학부

225 독일 복지국가와 사회복지서비스
정재훈 | 서울여대 사회사업학과

226 사회복지사를 위한 실용 비모수통계
엄명용 | 성균관대 사회복지학과

227 피해자학 연구
이윤호 | 동국대 경찰행정학과

228 광고언어창작론
박영준 외 | 부경대 국어국문학과

229 환경규제 패러다임의 전환
한철 | 한남대 법학과

230 고령사회의 노동환경변화와 고용시스템의 문제점 및 법적 대응
고준기 | 국립군산대 법학과

231 세계화와 소득불평등
이성균 외 | 울산대 사회과학부

232 유비쿼터스 사회의 이해
안중호 외 | 서울대 경영학과

233 국제환경책임법론
박병도 | 건국대 법학과

234 한국의 선거와 민주주의
윤종빈 | 명지대 정치외교학과

235 한국 시민운동의 구조와 동학
조대엽 외 | 고려대 사회학과

236 또래관계
송영혜 | 대구대 재활심리학과

237 해외 한국기업과 현지인 노동자
석현호 외 | 에스콰이아학술문화재단

238 독일 국가복지에서 민간복지단체의 역할과 의미
차성환 외 | 한일장신대 사회복지학부
239 청정공학
조정호 | 동양대 생명화학공학과
240 한국전통연희론
심상교 | 부산교육대 국어교육학과
241 정신장애와 가족
서미경 | 경상대 사회복지학부
242 빈곤통계의 작성과 활용
김주환 | 동국대 정보통계학과
243 인터넷과 한국정치
강원택 | 숭실대 정치외교학과
244 북한의 시장경제이행
정영화 외 | 서경대 법학과
245 시스템사고로 본 지속가능한 도시
문태훈 | 중앙대 도시및지역계획학과
246 실버산업과 유비쿼터스 컴퓨팅
고일상 | 전남대 경영학부
247 재활상담과 사례관리
나운환 | 대구대 직업재활학과
248 영유아교육기관에서의 장애 이해 교육
유수옥 | 우석대 유아특수교육과
249 장애의 사회적 의미와 사회통합
박수경 | 대진대 사회복지학과
250 경제분석의 수리적 기초
조인성 | 공주대 경제통상학부
251 비영리부문의 비교연구
김승현 | 서울산업대 행정학과
252 고등교육경제학
반상진 | 전북대 교육학과
253 과학윤리교육의 이론과 방법
조희형 | 강원대 과학교육학부
254 결혼이민자가족의 이해
김오남 | 대불대 사회복지학과
255 동아시아 국가의 공공부조
신동면 | 경희대 사회과학부
256 특수아동 진단 및 평가
이나미 | 대불대 특수교육과
257 계약형 사회복지와 권리옹호시스템
이명현 | 경북대 상주캠퍼스 사회복지학과
258 실내공기질 및 위해성 관리
양원호 | 대구가톨릭대 산업보건학과
259 충남 방언 문법
한영목 | 충남대 국어국문학과
260 교육권론
노기호 | 군산대 법학과
261 도시경관계획론
임승빈 | 서울대 조경 · 지역시스템공학부
262 교통의 새로운 패러다임
김형철 | 경원대 도시계획 · 조경학부
263 노인의 삶의 질 향상을 위한 주거환경 디자인
천진희 | 상명대 디자인대학 실내디자인전공
264 사회복지와 문화
박병현 | 부산대 사회복지학과
265 장애인복지의 이론과 실제
이선우 | 인제대 사회복지학과
266 창의성 개발을 위한 디자인교육 콘텐츠
김선영 | 인천가톨릭대 조형예술대학 환경디자인학과
267 구성주의 사회복지 실천 기술론
고미영 | 서울신학대 사회복지학과
268 장애아교육학
김기흥 | 부산교육대 유아교육과
269 지역사회복지와 자원부문
한상진 외 | 울산대 사회학과
270 환경관리회계
육근효 | 부산외국어대 회계학부
271 인권 관점에서 보는 장애인복지
유동철 | 동의대 사회복지학과
272 정신증상
송지영 | 경희대 의과대학병원 신경정신과
273 사이버공간의 사회심리학
이성식 외 | 숭실대 정보사회학과
274 노인에 대한 사회적 돌봄과 돌봄 서비스의 질 보장
최희경 | 신라대 가족노인복지학과
275 아동 심리치료의 실제
신현균 | 전남대 심리학과
276 사회복지와 위험관리
노충래 | 이화여대 사회복지전문대학원
277 국제 탄소시장의 이해
양승룡 | 고려대 식품자원경제학과
278 타자의 초상
신문수 | 서울대 영어교육과
279 한국정치와 환경정치
나정원 | 강원대 정치외교학과
280 북한이주민
윤인진 | 고려대 사회학과
281 음주의 사회경제적 비용
정우진 외 | 연세대 보건대학원
282 지방정치와 동북아 도시거버넌스
박재욱 | 신라대 행정학과
283 노숙인 복지론
남기철 | 동덕여대 사회복지학과
284 유럽통합과정과 지역협력
이규영 | 서강대 국제대학원
285 사회복지재정 연구
지은구 | 계명대 사회과학대학 사회복지학과
286 지역사회 교육개혁을 위한 시민사회 조직의 참여
김영화 | 홍익대 교육학과
287 복지사회를 대비한 국민연금의 구조개혁
박영석 외 | 서강대 경영학부
288 한미 FTA 지재권 협상에 따른 의약품 분야 사회후생 변화
오근엽 | 충남대 무역학과
289 산업입지, 환경 그리고 지역경제
이기동 외 | 계명대 국제통상학과

아 | 산 | 재 | 단 | 연 | 구 | 보 | 고 | 서

1 한국인의 도덕성 연구
배해수 | 고려대 국문학과

2 산업화와 청소년 진로
이원호 | 울산대 교육학과

3 공동체의식과 시민운동
김영섭 | 한양대 행정학과

4 한국청년의 삶의 의미 충족도와 만족적 태도
안정수 | 경희대 철학과

5 중국조선족의 사회발전과 한 · 중관계의 위상
손장권 | 고려대 사회학과

6 해송림 "솔껍질깍지벌레"의 천적 및 주요 종의 생태
김규진 | 전남대 농생물학과

7 사회정의와 실천윤리
박종대 | 서강대 철학과

8 동구개혁의 영향
김달중 | 연세대 정치외교학과

9 한국청소년의 의식세계
김문조 | 고려대 사회학과

10 고강도 철근 콘크리트 구조의 실용화
정헌수 | 중앙대 건축학과

11 신기술의 연관형태 및 출현예측의 구조모형
권철신 | 성균관대 산업공학과

12 민간기업의 연구개발을 위한 조세정책
권영훈 | 한양대 경제학부

13 기술개발 활성화방안
송승구 | 울산대 화학공학부

14 부패의 현상과 진단
이문조 | 영남대 정치외교학부

15 연구투자의 지역적 편중화와 부산지역의 기초과학연구 활성화방안
윤웅찬 | 부산대 화학과

16 GATT의 신구 덤핑방지협정과 그 대응방안
전창원 | 동국대 무역학과

17 한국사회의 도덕성 제고를 위한 진단과 처방
황경식 | 서울대 철학과

18 새로운 노사관계 방향
이진규 외 | 고려대 경영학과

19 21세기 동북아 정세예측과 한국의 전략적 대응방안
최평길 외 | 연세대 행정학과

20 소련의 한국에 대한 정책목표분석
신승권 | 한양대 정치외교학과

21 메모리 커패시터용 $Pb(Zr_xTi_{1-x})O_3$ 강유전체 박막의 제작과 특성
장지근 외 | 단국대 전자공학과

22 러시아 국제법학의 전통
김용구 | 서울대 외교학과

23 유럽연합의 현황과 전망
김동현 외 | 성균관대 행정학과

24 중국의 정치동원
송영우 외 | 건국대 정치외교학과

25 산업적 활용을 위한 이동로보트 시스템의 개발
박민용 외 | 연세대 전자공학과

26 중국조선족의 정치사회화과정과 동화적 국민통합의 방향
전인영 외 | 이화여대 사회생활학과

27 공적부조의 이론과 실제
최일섭 외 | 서울대 사회복지학과

28 대외통상환경의 변화와 법제개편
서헌제 | 중앙대 법학과

29 기업금융의 국제화
최생림 | 한양대 경영학부

30 자동차부품공업의 노사관계
김호진 외 | 고려대 행정학과

31 산업화 과정에서의 한국가족의 실태와 전망
정창수 외 | 성균관대 사회학과

32 공무원 가치관 실태와 정립방안
배병룡 외 | 경상대 행정학과

33 해외귀국청소년의 국내적응연구
이장영 | 국민대 사회학과

34 초고속정보통신망에서 LAN서비스 제공방안
이재용 | 연세대 전자공학과

35 WTO체제의 정책적 대응
김병진 외 | 경희대 행정학과

36 유럽의 통합정치
최수경 외 | 충남대 정치외교학과

37 유기질폐기물을 이용한 고단백사료원인 조류의 생산공정
최정우 외 | 서강대 화학공학과

38 초고속정보통신망의 수용성과 정책방향
박영상 외 | 한양대 신문방송학과

39 중국의 강남사회와 한중교섭
조영록 외 | 동국대 사학과

40 세계화시대의 사회 · 문화의식
신행철 외 | 제주대 사회학과

41 국내 외국인 노동자의 문제와 대책
성규탁 외 | 연세대 사회복지학과

42 노인인력 활용정책과 프로그램
김정후 외 | 강원대 법과대학

43 한일간 학술교류 현황과 활성화방안
정홍익 외 | 서울대 행정대학원

44 계량모형에 의한 한일 경제관계의 이해
김명직 외 | 한양대 경제학부

45 직장인의 음주행태와 삶의 질
진기남 외 | 연세대 보건행정학과

46 유통정보 시스템의 구조와 설계
정용길 | 충남대 경영학과

47 남북통일 이후 사회통합을 위한 교육의 역할
안기성 외 | 고려대 교육학과

48 대중음악에 심취한 청소년들의 심리적 특성
김인경 외 | 연세대 인간행동연구소

49 멀티미디어 시스템을 활용한 교육환경의 개선방안
김한일 | 제주대 컴퓨터교육학과

50 탈냉전기 한일관계의 쟁점
최상룡 | 고려대 정치외교학과

51 자치시대 새로운 '삶의 질' 지표의 모색
김형기 외 | 경북대 경제통상학부

52 유럽통합의 역내외 협력과 갈등
이호재 외 | 고려대 정치외교학과

53 21세기를 대비한 신노사관계
김재원 | 한양대 경제학부

54 대학의 시간제학생 등록제
안규철 외 | 전남대 교육학과

55 21세기에 대비한 방송통신정책
한진만 외 | 강원대 신문방송학과

56 주민참여를 통한 혐오시설 관리운영방안
박균성 외 | 경희대 법학부

57 여성의 정치적 권리인식과 정치참여
전경옥 외 | 숙명여대 정치외교학과

58 한국인 위장질환과 식생활 · 환경요인 및 *H. pylori* 감염과의 관계
이양자 외 | 연세대 식품영양학과

59 학생과 시민의 자원봉사활동
윤정일 외 | 서울대 교육학과

60 동북아 환경문제와 지역환경협력의 모색
신연재 외 | 울산대 정치외교학과

61 노인 자원봉사활동을 통한 사회통합 프로그램 개발
김동배 | 연세대 사회복지학과

62 물류정보 시스템
김태현 | 연세대 경영학과

63 전자식 문서교환을 이용한 항공화물 운송체계
민재형 | 서강대 경영학과

64 청소년과 성
이근후 | 이화여대 의과대학

65 민족통합과 무궁화호 위성의 남북한 공동활용방안
방정배 | 성균관대 신문방송학과

66 채식주의가 20대 여성의 영양상태와 에스트로겐 대사에 미치는 영향
성미경 | 숙명여대 식품영양학과

67 가상정보공간을 통한 지역개발 활성화 전략
유재천 외 | 한림대 언론정보학부

68 조산아 관리현황 및 정책수립 방안
박상기 외 | 조선대 의과대학

69 남북한관의 의식조사와 통일교육 개선방안
김동규 외 | 고려대 북한학과

70 동양 전통 자연사상 탐구
장동순 | 충남대 환경공학과

71 초고속정보망의 시뮬레이터 구현
한기준 | 경북대 컴퓨터공학과

72 유통원가 시스템의 유효성
정다미 | 명지대 경영학과

73 국악과 문화관광의 만남
정익준 외 | 동아대 국제관광통상학부

74 기업의 지식경영 활용사례
김창은 | 명지대 산업공학과

75 선진국과 한국의 직업교육 · 훈련제도의 특성과 한계
정주연 | 고려대 경제학과

76 제주지역 성인 여성의 자원봉사활동
이상철 외 | 제주대 사회학과

77 M&A와 문화충돌 관리
박원우 | 서울대 경영학과

78 폐금속광산 인근 주민들의 중금속 오염실태
정종학 외 | 영남대 의학과

79 북한 농촌 · 농업실태와 인력자원개발 시스템을 통한 북한 농민의 구호방안
박성열 | 건국대 교육공학과

80 중소 소매점의 경쟁력과 소매성과
채명수 외 | 한국외대 무역학과

81 고령자를 위한 쾌적한 실내온도와 착의량의 설정
정운선 | 안동대 의류학과

82 지역문화 이벤트 PR
박종민 | 경희대 언론정보학부

83 인터넷 지역정보화의 실태와 전략
유평준 외 | 연세대 행정학과

84 여성 삶의 질 향상을 위한 사회교육 활성화 방안
김양희 | 중앙대 가족복지학과

85 벤처기업과 벤처금융
강대석 외 | 충남대 무역학과

86 구조조정기에 있어서 실업대책과 사회안전망 구축
박천익 | 대구대 경제학과

87 한국 유아의 조기교육
이명조 외 | 한국외대 교육대학원

88 남북한 경제공동체 형성전략
이상만 | 중앙대 경제학과

89 지방자치회계의 투명성과 주민의 알 권리
권찬태 외 | 경북대 경영학부

90 정치지도자의 정책리더십
이해영 | 경일대 행정학과

91 경제위기와 한국인의 복지의식
신광영 외 | 중앙대 사회학과

92 북한의 노동
김강식 | 한국항공대 경영학과

93 우리나라 중소기업의 정보기술 활용 현황과 경쟁력 강화를 위한 제안
정승호 | 부산외대 정보시스템학과

94 인간배아복제의 법적 · 윤리적 문제점과 그 해결방안
최병규 | 한경대 법학부

95 가치변화에 따른 투표행태
조찬래 외 | 충남대 정치외교학과

96 인터넷 경매에서의 계약체결과 소비자보호
이기수 외 | 고려대 법과대학

97 세계화시대 남북한 통합의 방향과 과제
윤민재 | 서울대 사회발전연구소

98 글로벌 시대 지방정부의 문화마케팅 전략
박흥식 | 중앙대 행정학과

99 대졸여성실업의 실태분석 및 대학-노동 시장 간 효율적 연계방안
이은우 외 | 울산대 사회과학부

100 그린 투어리즘의 분석
이응진 | 대구대 관광학부

101 지방자치단체장의 부정부패
오일환 | 한양대 아태지역연구센터

102 산업화가 유교체제하 중국여성의 지위에 미친 영향
천성림 | 배재대 사회과학연구소

103 움직이는 말하기
유혜숙 외 | 나사렛대 교양학부

104 장애학생을 위한 특수교육공학의 활용
김용욱 | 대구대 중등특수교육과

105 지식기반사회의 평생교육 이해와 평생교육 프로그램 개발
박성열 | 건국대 교육공학과

106 N세대의 미술교육
김동철 | 대구교육대 미술교육학과

107 노후계획과 투자
권택호 | 여수대 국제통상학과

108 영화산업
양영철 | 경성대 연극영화학부

109 동유럽의 변혁과 언론의 역활
정대수 | 경남대 정치언론학부

110 환율, 임금, 물가가 국제경쟁력 및 수출입산업에 미치는 영향
하인봉 | 경북대 경제통상학부

111 일본기업의 기술혁신 전략
위정현 | 중앙대 상경학부

112 노후보장정책과 역저당연금제도
조덕호 외 | 대구대 행정학과

113 유비쿼터스 라이프와 미래 사회
김석수 | 한남대 멀티미디어공학과

114 죽음과 관련된 생명윤리적 문제들
구인회 | 가톨릭의과대 인문사회과학교실

115 경제적 세계화와 빈곤문제, 그리고 국가
김준현 | 한일장신대 인문사회과학부

116 한국의 세계불교유산
김종명 | 한국학중앙연구원 한국학대학원

117 복지레저서비스론
고태규 | 한림대 국제학부

118 자생적 철학체계로서 인간중심철학
선우현 | 청주교대 윤리교육과

119 전략적 통합과 한반도 평화체제
김승채 | 고려대 정책대학원

120 환경사법론
전경운 | 경희대 법학부

121 인터넷 자료를 통해 본 한국의 이혼 문화와 사회복지
성정현 외 | 협성대 사회복지학과

122 유럽연합의 사회정책에 관한 연구
문진영 | 서강대 신학대학원 사회복지학과

123 여성건강의 통합적 관점
김혜원 | 관동대 간호학과

124 복잡계 네트워크 과학
강병남 | 서울대 물리천문학부

125 경제적인 3세대 전원주택 개발
박근준 | 호서대 건축공학과